设计的法则

版式设计法则

第2版

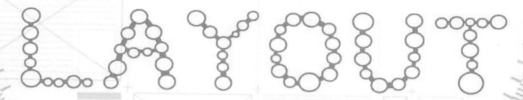

Sun I 视觉设计　编著

电子工业出版社
Publishing House of Electronics Industry
北京·BEIJING

内容简介

在当代艺术领域中，版式设计扮演着极其重要的角色，它能使设计者们的思想与技术得到高度统一。我们生活周围充斥着大量与版式设计有关的要素，如商业、艺术等领域都有与之相关联的元素。值得一提的是，这门课程里还包含了字体设计、色彩设计等知识。

在实际的创作过程中，版式设计是讲究一定策略的，因此，作者对版式设计中应有的一些设计规律、法则及理论进行了归纳与总结，并在书中将它们呈现在读者眼前。全书共分为 8 章，内容主要为版式的基本构成要素、视觉流程，以及图片、文字和色彩等视觉要素的编排法则等，书中对这些概念都进行了详细解说。希望读者通过学习本书内容，能够从中揣摩设计者的一些手法技巧与思维模式，从而创作出更优秀的版式作品。

未经许可，不得以任何方式复制或抄袭本书的部分或全部内容。
版权所有，侵权必究。

图书在版编目（CIP）数据

版式设计法则 / Sun I 视觉设计编著. -- 2 版. - 北京 ：电子工业出版社，2016.8
ISBN 978-7-121-29325-2

Ⅰ . ①版… Ⅱ . ①S… Ⅲ. ①版式一设计 Ⅳ.①TS881

中国版本图书馆 CIP 数据核字(2016)第 155390 号

责任编辑：姜　伟
文字编辑：赵英华
印　　刷：北京虎彩文化传播有限公司
装　　订：北京虎彩文化传播有限公司
出版发行：电子工业出版社
　　　　　北京市海淀区万寿路 173 信箱　　邮编：100036
开　　本：787×1092　1/16　印张：11.75　字数：300.8 千字
版　　次：2012 年 11 月第 1 版
　　　　　2016 年 8 月第 2 版
印　　次：2025 年 1 月第 8 次印刷
定　　价：59.80 元

凡所购买电子工业出版社图书有缺损问题，请向购买书店调换。若书店售缺，请与本社发行部联系，联系及邮购电话：(010) 88254888，88258888。

质量投诉请发邮件至 zlts@phei.com.cn，盗版侵权举报请发邮件至 dbqq@phei.com.cn。

服务热线：(010) 88254161～88254167 转 1897。

Foreword
前　言

　　版式设计是组成平面设计的一个重要学科，是一个具有相对独立性的设计门类。当我们从事版式设计工作时，要注重编排的表现技法与风格倾向，以避免盲目地排列与组合要素，从而使创作的主题思想更加鲜明。

　　随着时代的不断发展，版式设计已被纳入多个艺术及商业领域，如绘画艺术、平面广告和包装设计等，由此可见，版式设计与我们的日常生活有着非常紧密的联系，而且这方面的设计人才也愈发受到社会的重视。因此，掌握这门艺术技法对于一个合格的设计师来讲已变得不可或缺。

　　在我们的日常生活中，有各式各样的版式作品，如包装、报纸、书籍和宣传单等，这些平面作品不仅在外观上具有艺术性，同时对于主题内容来讲还有一定的针对性。通过学习版式设计法则，对我们的某些思维方式与艺术风格都有着相对积极的影响。除此之外，在商业活动方面，培养设计师的版式设计能力，还能使他们的创作具有商业价值，同时使销售盈利与品牌推广得到双向发展。为了使人们更快、更牢固地掌握这门技术，作者将版式的各个设计法则罗列在书中，同时结合国内外时下最为盛行的表现手法，并运用通俗易懂的文字加以阐述。纵观全书内容，对于初学者与资深设计师两种不同的对象来讲，均可在书中找到相关的信息来弥补自身经验的不足，并获得自己寻觅已久的创作灵感。

　　作者将版式的基本要素作为讲述的切入点，并在之后的内容中为读者重点介绍了版式设计的大量表现手法及创意思维，还在每章最后加入了综合案例解析环节，以此来加深读者对所学知识的印象。

　　全书共分为 8 章，其中第 1 章主要讲述了构成平面的 3 个基本要素，即点、线、面的一些概念及运用法则，通过对基本要素的详细诠释，帮助读者在进行更深入的学习之前做好铺垫。

　　本书的第 2～4 章分别讲述了版式设计的视觉流程、网格应用与形式法则。这 3 章主要讲述版式设计的技术法则，同时作者还在这些章节中加入了大量的基础知识，如在视觉流程中，讲到单向和斜向流程，在网格中提到对称与非对称网格等，通过对这些基础概念的详细阐述，来弥补读者在设计原理上的空缺。

在第 5～7 章中，编者从选材、搭配、排列和组合等多个角度着手，将版式中的图片、文字与色彩 3 个视觉要素进行了细致描述，同时还为这些概念搭配上相应的作品信息，并对这些作品中所涉及的知识点进行剖析，通过将抽象的设计理念与实际的案例分析相结合，以此来提高读者的理解能力。

第 8 章是一个总结性章节，以讲解各类构成法则为主，并阐述了这些构成法则所对应的版式形式。全章共列举了十几种构成法则，而这些法则与之前讲到的一些知识在形式上都是息息相关的。通过对本章的学习，可以有效地巩固读者之前所学的知识。

为了更好地为读者服务，本书与 www.epubhome.com 合作，为读者提供了更多新书试读、热卖图书试读，以及各类素材下载和在线教学视频等服务。

本书由 Sun I 视觉设计编著，参与编写的人员还有马世旭、罗洁、陈慧娟、陈宗会、李江、李德华、徐文彬、朱淑容、刘琼、徐洪、赵冉、陈建平、李杰臣、马涛、秦加林和牟恩静。

编著者

2016 年 6 月

Contents
目 录

第4章　版式中的形式法则 ············ 67

第5章　注意文字在版式中的
　　　　　编排法则 ·············· 87

第6章　图片的运用法则革新
　　　　版面风格·················· 109

第 7 章　巧用色彩配置法则创造
最美版式 …………… 133

第 8 章　不同的版面构成法则决定　不同的版式形式 ┈┈┈┈┈ 157

第1章

从基本构成元素中获取灵感

- ◆ 如何在点元素中获取灵感
- ◆ 利用线元素表现不同的版面内容
- ◆ 挖掘面元素在版式中的影响力

1.1

点是版式构成中最小的设计要素，它不仅能构成平面化的线元素，同时还能组建成立体化的面元素。

如何在点元素中获取灵感

在日常生活中，我们将那些体积非常小或者离我们非常远的事物称为点。在进行平面设计时，点的概念是相对的，比如，在版面中以单独姿态呈现的视觉元素，也能在形式上给人以点的印象。

在版式设计中，任何事物都能成为点，而这些点在特定的编排与组织下，还能赋予版面风格迥异的情感表达，如点的扩散与聚集、点的线化等。如右图所示，设计者通过线条的交叉来构造点的视觉效果，并以此使该要素得以突出。

1.1.1 了解点的形态

点是一种很小的视觉元素，在平面构成中，我们通过物象间的比较来设立画面中的点元素。而点的形态也是不固定的，可以将版面中拥有小体积的要素称为点，如一个字母、一个标点符号等，也可以将物象进行交错排列时形成的交叉部分称为点。

人们自然而然地将那些体积较小的事物视为点。值得一提的是，在偌大的空间中，这些点元素在视觉上也具有很强的吸引力。在进行平面创作时，常将主体物以点的形态摆放在版面中，利用点在视觉上的注目度来提升主题信息的传播效力。

—— 图片解析 ——

❶将体积较小的主体物放置在空旷的环境中，以构成版面的视觉重心。

❷设计者通过空旷的背景画面，使画面中央的主体物得到突出与强调。

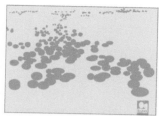

在平面构成中，单独的点形态能引起人们的高度注意，而组合式的点形态则能带给人们更加丰富的感官体验。点的组合形态有很多，比如将大小不一的点以密集的形式进行排列，可以使版面呈现出视觉张力，或者将多个点元素朝统一的方向进行排列，可以在版面中形成强烈的视觉牵引力等。

----图片解析----
❶设计者刻意将镜头拉远，以使成群的斑马在视觉上形成点的效果。
❷借助斑马奔跑的动态，使图片在固定方向上产生视觉引力。

　　点并不只以单独的形态出现，物象与物象在进行交错或叠加排列的过程中，交叉的部分也可以视为一种点的形态，比如棋盘上的交叉点。我们将这种存在于交叉处的点称为隐性点，在版式设计中它有聚焦的作用，即使是排列杂乱的版式结构，物象间交叉形成的点也能有效地引起观赏者的注意。

----图片解析----
❶利用由两条街道相交所形成的交叉点，来成功地构建版面的视觉重心。
❷刻意地将街区的色彩设置为暗色调，从而使两条街道在版面中变得更加醒目。

1.1.2　点的基本表现法则

在平面构成中，点是组成画面最基本的设计要素，同时也是版式中最小的单位。在进行版式设计时，可以根据不同的主题要求来编排版面中的点元素，以此打造具有针对性的版式效果。

如前所述，点的表现形式取决于设计对象的要求，只有满足主题需要的编排设计才是有意义的。在实际的设计过程中，常使用点的以下几种表现法则：单纯的点排列、点的线化排列和点的面化组合。下图所示为单纯点的灵活排列。

图片解析

❶由大量文字排列组成的具象化图形，在视觉上给人留下密集、稠密的印象。

❷将图形元素以无序的形式进行排列，从而构成充满自由感的版式效果。

法则1　点的视觉张力

将版面中的点元素以不同的形式进行排列，利用点与空间的相互作用，使版面呈现出相应的视觉张力。此外，点元素的数量与排列方式也能对版式结构与画面氛围造成影响。

1. 单点

所谓单点，是指版面中只存在一个点元素，该元素往往被视为画面的主体物。在版式设计中，人们通常将画面中的主体物视为点元素，设计者可以利用主体物摆放位置的不同，使版面呈现出不同的视觉印象。

图片解析

❶将作为主体物的鸡蛋摆放在版面的中央，以此来突出该物象的视觉形象。

❷设计者采用空旷的背景画面，从而使主体物在视觉与形式上构成单点效果。

当遇到结构复杂的版式时，也可以利用一些特殊的编排手法来突出画面中唯一的主体物，从而形成单点的表现形式。在实际的设计过程中，可以运用物象间的对比关系来突出点元素，如从配色关系上、物象在面积上的区分等。

---- **图片解析** ----

❶将成群的人以密集的方式排列在版面中，从而使画面整体呈现出热闹、拥挤的视觉效果。

❷凭借写真与绘画效果在视觉上的强烈反差，使画面中落单的人物形象得以突出。

2. 多点

当版面中出现多个点元素时，可以根据主题需求来决定集中或分散的编排方式。在版式设计中，将多个点元素以聚集的方式排列在一起，以形成密集型的编排样式，并利用充满紧凑与局促感的版式结构，在视觉上带给观赏者一种膨胀或拥挤感。

---- **图片解析** ----

❶将大量的橙子以规整的方式排列在画面的中央，以形成具有膨胀感的多点式效果。

❷设计者刻意将主体物配以高明度的色彩，从而使该物象的视觉形象得到强调。

点的分散式是指将多个点元素以散构的形式分布在版面的各个角落，以使画面呈现出扩散、饱满的视觉效果。在进行点的分散式排列时，要注意保持点元素间的关联性，否则，过于散乱的版式结构将会直接影响主题传达的准确性。

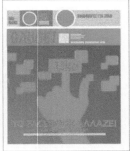

── 图片解析 ──
❶画面中呈散状排列的矩形元素，在视觉上带给观赏者一种散漫、自由的感觉。
❷手指与矩形元素在空间上的互动关系，为版面整体增添了几分趣味性。

法则2　线化的点赋予版面灵活性

当版面中出现两个或两个以上的点元素时，可以利用相邻点之间的张力作用，使观赏者在潜意识中将它们连接在一起，从而在视觉上打造出点的线化效果。点的线化效果不仅能在排列结构上将视觉要素连接在一起，同时还能使画面产生强烈的吸引力，并给观赏者留下独特的视觉印象。

将多个点元素按照固定的轨迹进行排列，以此在版面中形成单向的视觉牵引力。根据排列方向的不同，画面所呈现的视觉氛围也不同，比如通过点元素的水平排列来体现版式结构的秩序性。

── 图片解析 ──
❶将多个点元素以漩涡状的形式进行排列，从而使版面产生向内的视觉引力。
❷利用产品实物来帮助版面阐述主题，同时也便于观赏者理解该广告创意的含义。

设计者将两个相同性质的视觉元素刻意地排列到一起，以使观赏者自觉地在潜意识中用线段来连接它们，从而形成隐性的线化效果。该类线化效果在表现方式上具有良好的互动性，它通过特定的排列模式使人们从联想中得出结论，并主动将画面中的视觉元素联系在一起。

─── 图片解析 ───
❶将版面中的蚂蚁用线条连接起来，以构成具有隐性效果的线化样式效果。
❷通过空旷而清新的背景画面，来赋予版面舒适的欣赏环境。

法则3 面化的点彰显版面凝聚力

3 个以上并且不在同一直线上的点就可以构成简单的几何面。在版式设计中，通过对版面中的点元素进行特定的编排处理，可以形成具有多样性变化的点面效果。

将版面中的点进行有规律的重复排列，以此将点元素集中在画面的特定区域，同时脱离背景以构成独立的平面。通过点的面化处理，将使画面中的视觉要素被聚集在一起，从而打造出紧密、局促的版式结构。

─── 图片解析 ───
❶将多个作为点元素的数字以密集的形式排列在版面中，形成稠密的面化视觉效果。
❷数字间分别采用红色与黑色两种配色，再结合合理的编排形式，赋予版面节奏感。

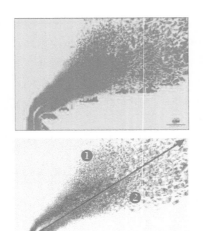

在进行点的面化处理时，加强点元素在形态与结构上的变化程度，可大大加强版面的空间感与层次感。比如，通过扩大点元素在面积上的对比效果，可以打造具有韵律感的版式空间；或者对点元素进行有规律的缩放处理，从而使版面在特定方向上带给观赏者一种视觉上的延伸感。

— 图片解析 —
❶ 设计者运用发射状的排列方式，使画面产生斜向的视觉引力。
❷ 由多个点元素排列而成的"烟雾"图形，在视觉上给观赏者留下深刻的印象。

1.1.3 点在版式中的构成法则

无论是单纯的点排列、点的线化处理还是点的面化处理，它们都不会单独地出现在版式设计中，而是以相互组合的方式呈现在我们眼前，通过组合的表现方式使版式结构变得多元化。

在通常情况下，会选择两种在形式上具有对比性或共存性的表现法则来进行组合。如点的面化处理能巩固版面的凝聚力，而单独的点元素则能带来视觉上的专注感，将这两种在视觉上具有互斥效果的编排方式结合起来，可以增添版式结构的多元化效果，从而给观赏者留下深刻的印象。

 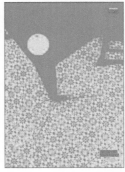

— 图片解析 —
❶ 利用主体图形与地板图案在空间中的强烈对比，使画面产生耐人寻味的视觉效果。
❷ 由多个花纹图案重复排列而成的地板，在视觉上带给观赏者一种局促、稠密的感觉。

1.2

利用线元素表现不同的版面内容

在几何学中,线的定义为任意点在移动时所产生的运动轨迹。而点进行移动的方式将决定线的形态,如弯曲的移动方式会形成曲线,笔直的移动方式则会形成直线等。

线本来是只拥有长度的几何元素,但在版式设计中,它被赋予了粗细、色彩、材质和虚实等造型能力,随后人们又为线加入了多种编排手段,以此来丰富线元素的表现力。如右图所示,设计者运用曲线的组合形式,使画面表现出韵律感。

1.2.1　了解线的形态

在平面构成中,线与点一样也具有一定的表现形态,如线的粗细、虚实和长度等。随着形态的变化,线元素在空间中传递的情感信息也将受到影响。为了更好地操控版面中的线元素,首先要对线的形态进行深入了解,并在此过程中学会认识与把握线的表现规律。

1.　线的粗细

线的粗细是经过一番对比而得来的结果,它能在外形上给人以非常直观的感受,因此仅凭肉眼就能识别线条的粗细程度。在同一个版面中,将那些在宽度上相比较窄的一类线条称为细线,这类线条具有纤细的形态与柔软的质感,能在视觉上给人以细腻的印象。

图片解析

❶设计者在画面中添加了大量的细线,以使画面呈现出细腻、精致的视觉效果。

❷将多个不规则的三角形以重叠的方式排列在一起,达到丰富版式结构的目的。

粗线的定义与细线恰好相反，主要指在宽度值上相对较大的一类线条。在同一个版面中，相对于细线来讲，粗线拥有更鲜明的视觉形象，能带给观赏者以直观的印象。由于粗线能在画面中留下明显的视觉痕迹，设计者往往会利用这种线条来引导观赏者的视线，从而完成对版面有效信息的浏览。

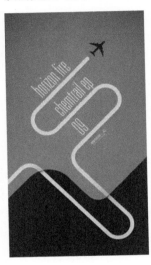

图片解析
❶设计者将飞机滑行过的轨迹用粗线条来代替，以引导出版面的视觉流程。
❷将文字以倾斜的方式进行排列，使画面的整体布局趋势变得和谐统一。

在平面设计中，将粗细不一的线条安排在同一个版面中，使粗线的豪放性与细线的细腻性在视觉形式上得到有机的融合，从而打造出极具张弛感的版式效果。除此之外，还可以通过调整粗、细线条在版面中所占的面积比例，使版面呈现出相应的节奏感与韵律感。

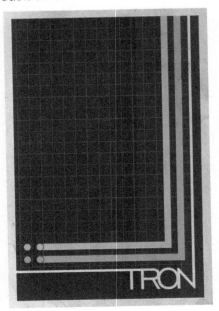

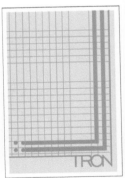

图片解析
❶设计者利用线条间鲜明的粗细对比，打造出具有视觉张力的版面效果。
❷背景中由大量细线组成的方格图形，在视觉上使版面整体表现出严谨的版式效果。

── 图片解析 ──

❶设计者利用画面中显著的空间透视感，使观赏者从中感受到延伸向远方的无形线条。

❷将人物要素放置在天空与地面的交汇处，以形成画面的视觉重心。

2. 线的虚实

这里的虚实可以理解为线条的无形与有形两种形态。在版面中，这类线条没有明确的视觉形态，它们往往存在于潜在的元素中，如地平线、具有规律性排列的点元素等。由于虚线没有直观的可视性，因而观赏者需要经过一定的观察与思考才能发现这些无形的线条。

所谓实线，是指那些拥有实体形态的线条。实线能在视觉上给人以强烈的真实感与存在感，并能引导观赏者跟随线条的运动轨迹来完成对版面信息的浏览。在版面设计中，实线是运用得最多的线体形态之一，无论是规整的直线还是自由的曲线，都能使版面在综合表现上更具优势。

── 图片解析 ──

❶设计者通过加粗的线条图形，使观赏者深刻地感受到有形线条的真实感。

❷刻意为线条加入箭头符号，以增强它们在平面中对观赏者视线的引导能力。

在版式设计中，虚线能给观赏者提供想象的空间，并以此激发他们的想象力，而实线则会带给观赏者以真实的视觉印象。可以将线的两种形态进行有效组合，从而形成虚实相生的画面效果，同时呈现出极具协调性的版式空间。

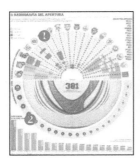

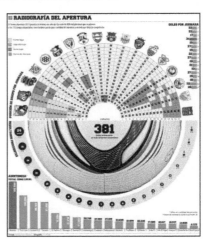

图片解析

❶由大量黑色线条组成的表格图形，在视觉上给观赏者一种真实的印象。

❷利用排列成阶梯形状的矩形图形，使观赏者在潜意识中感觉到虚线的存在。

3. 线的长短

线条在表现形态上还分为长与短两种。短线是指画面中那些在长度值上偏小的一类线条。值得一提的是，当画面中充斥着大量短线时，会给观赏者以局促、紧张的视觉印象；当画面中只有少量短线时，就会在视觉上给人以精致、细腻的感受。

图片解析

❶运用少量短线组成的具象化图形，在视觉上给人以精练、简洁的印象。

❷设计者通过简约的布局与编排，来强化主体图形在画面中的视觉形象。

顾名思义，长线就是指那些相比之下长度值偏大的一类线条。这类线条给人的视觉感受往往是洒脱与直率。除此之外，设计者还可以利用线条在外形上的修长感打造出具有延伸性的版式效果。

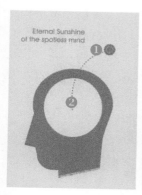 

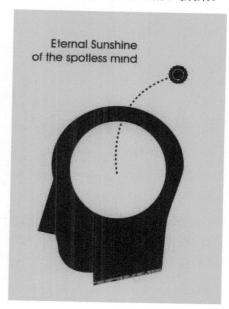

图片解析

❶设计者通过线条将主体与辅助图形连接在一起，以构成完整的表述形式。

❷利用版面中过长的线条要素，在视觉上给人留下延续、延伸的印象。

在美术中，常利用长短不一的线条来描绘物体的明调与暗调，而当该组合被运用到版式设计中时，更多的是表现空间的延伸感或版式结构的韵律感，同时赋予版面一张一弛的视觉张力，从而创作出极具积极性的线条组合。

图片解析

❶版面的主体图形由长短不一的线条构成，在视觉上给人以张弛有度的感觉。

❷设计者将谈话类图片放置在画面中，使画面中的互动感得到大幅提升。

1.2.2 线的基本表现法则

对于版式设计来讲，线元素是必不可少的创作元素。它拥有多变的表现形态，而每个形态所呈现出的视觉效果也是不同的，所以要根据创作主题的需求，为版面选择具有针对性的表现法则。在版式设计中，根据表达目的的不同，其表现法则主要分为两种，其一是线的视觉张力，其二是线的情感展现。

─── 图片解析 ───
❶利用 3 根长度不同的垂直线条将人物要素切割成不等量的 4 份，设计者通过该表现手法，使画面表现出新颖独特的效果。
❷通过红色图形来提高标题文字的注目度。

法则1 线的视觉张力

为了使版面中的线展现出更具张力的视觉效果，设计者开始加强线元素在编排方面的创意性，如线的重复性排列、发射性排列和扩散性排列等，通过这些别具特色的排列来推动主题信息的传播。

在版式设计中，将线元素按照环状的形式进行重叠排列，使线条组合模拟出涟漪的视觉效果。借用该排列方式对画面整体进行渲染，使其产生向内或向外扩散的视觉牵引力。

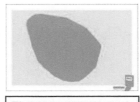

─── 图片解析 ───
❶将不规则的曲线以环状的方式进行重叠排列，与此同时，利用回旋型的布局结构使画面产生令人炫目的视觉效果。
❷刻意将产品实物摆放在版面中，使广告内容的可信度得到提高。

将版面中的线条朝单一方向或四周进行重复排列，以此构成发射或放射的版式效果。设计者通过该排列方式，能够塑造出直观的线形结构。不仅如此，还能加强对版面凝聚力的表现，从而赋予画面庄严感与正式感。

图片解析
❶设计者把人物元素放在线条排列的中心位置，从而使该元素的视觉形象得到突出。
❷刻意将线条以漩涡状的形式进行排列，赋予版面强烈的视觉凝聚力。

法则2　利用不同线条展现版面的不同情感

在版式设计中，不同的线条类型会在情感表达上呈现出不同的形态。线条的类型主要分为直线与曲线两种，直线包括斜线、平行线、垂直线与水平线，而曲线主要包括自由曲线与几何曲线。

1. 斜线

斜线是指按照倾斜朝向进行延伸的一类直线。斜线在视觉空间中具有强烈的失衡感，因而它能使观赏者感到内心的忐忑与不安。与此同时，斜线还能在方位上呈现出向上或向下的运动感，带给人饱满的视觉活力。

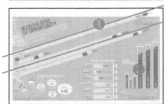

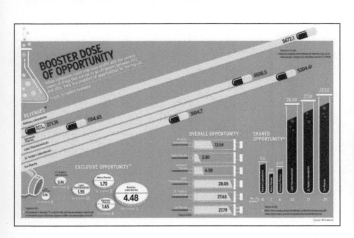

图片解析
❶设计者刻意在画面中加入斜向的直线，以打破呆板的版式格局。
❷在作品中使用具有代表意义的图形元素，使版面的专业性得到提高。

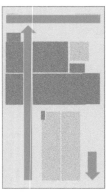

图片解析

❶设计者运用带箭头图形的垂直线来加强版面在视觉表达上的稳健感。

❷将线条与文字穿插在一起进行排列，从而增强了图形与文字信息间的互动感。

2. 垂直线

在垂直方向上进行延伸的直线，其笔直而坚挺的线形结构容易使人感受到端庄的视觉氛围。在版式设计中，运用垂直线不仅能打造严肃的版式结构，同时还能增强版面在视觉表达上的肯定感。

3. 平行线

在几何学中，将同一平面内永不相交的两条直线称为平行线。平行这个概念在版式设计中的应用也十分广泛，将大量直线以平行的形式进行排列，可以营造出强烈的版式整体感，而少量的平行线组合则会突出版面在方向上的单一性，同时赋予版式运动感。

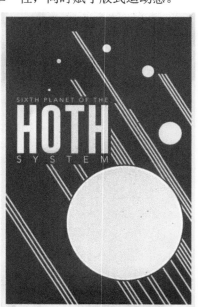

图片解析

❶将版面中的线条以平行的方式进行排列，形成具有统一感的版式效果。

❷将圆形图案融入到画面中，并与线条组合在一起，从而使版面结构变得更为多样化。

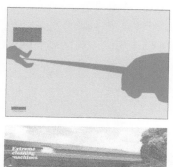

直线沿着水平方向进行延伸，会给人以无限、辽阔的视觉感受，并以此联想到地平线、海平面等事物。此外，凭借水平线在空间结构上的高稳定性，还能营造出安宁、平静、稳重的视觉氛围，同时带给观赏者强烈的安全感。

┌─ 图片解析 ─┐

❶将人物元素以切入式的形式编排在版面的边缘，以打造出极具趣味感的版式效果。

❷将水平线条摆放在画面的中央，以此来增添视觉的平衡感，并为观赏者留下积极的印象。

4. 几何曲线

所谓几何曲线，是指通过几何数学计算得来的一类曲线图形。这类曲线拥有严谨的内部结构及柔和的外部形态。常见的几何曲线有弧线、S 形线和 O 形线等。在版式设计中，这类线条能给人以明显的约束感，并使观赏者感受到线条结构中的紧张与局促。此外，它还能使版面整体呈现出饱满、圆滑的视觉效果。

┌─ 图片解析 ─┐

❶将圆形曲线作为画面的主体物，利用该曲线规整的形态结构，赋予版式饱满感。

❷设计者将曲线以重复的方式进行排列，使版式结构的圆滑感得到大大增强。

在版式设计中，将版面中的视觉要素，如文字、图形等，以几何曲线的形式进行排列，从而在形式上赋予这些要素韵律感。与此同时，这样的编排方式还会使版面整体显得格外俏皮与活泼。

图片解析

❶将标题文字以环绕着图形的结构进行排列，形成具有韵律感的曲线化效果。

❷将版面中的正文以绕图的形式排列在图形的两侧，以增添图形与文字间的趣味性。

5. 自由曲线

在几何学中，自由曲线是指徒手描绘而成的一类曲线，这些曲线在形态上没有固定的外形与结构，因而它的特征主要表现为具有强烈的随机性。自由曲线主要分为两种，一种是单一型自由曲线，它是指版面中只存在很少的曲线数量，通过减少线条的数量，可以大大提升单一曲线的视觉形象，同时使画面展现出明朗、流畅的空间个性。

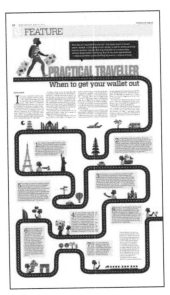

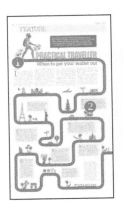

图片解析

❶设计者运用不规则的单向曲线，使版面呈现出迂回的视觉效果，同时留给观赏者深刻的印象。

❷将部分文字与图形沿着曲线的延伸方向进行排列，以形成具有规律性的单向视觉流程。

在版式构成中，还有一种是组合型自由曲线。既然是以组合为主，那么画面中自然就会充斥着大量的曲线，并且沿着不同的轨迹进行延伸，从而在视觉上给人以凌乱、个性的印象。需要注意的是，在应用这类曲线时，一定要保证画面背景的整洁性，如利用空旷的背景来削弱组合曲线在视觉上的冲击感。

图片解析

❶将人物的头发作为组合型的自由曲线，并借助该元素使画面呈现出个性化的凌乱美。

❷设计者刻意使用省略手法来表现人物的脸部，以从侧面突出头发的视觉形象。

1.2.3　线的使用法则

在平面设计中，线条是构成版面的关键性要素，通过不同的表现形态可以表达出风格迥异的画面情感。除此以外，线条还能帮助版面进行分割与规划，以打造出规范有度的版式结构，同时对图片、图像等视觉要素进行合理的切割与剪裁，以完成对该类要素的艺术性改造。

在实际创作过程中，根据作用对象的不同，线的使用法则主要分为两种，一种是以版面的布局与规划为对象，另一种是以版面的视觉信息为作用目标。版面中的图形、图像，甚至是整个图片，都可以作为切割对象。

图片解析

❶利用直线将指定区域分成等比例的 4 份，以此来有效地完成对版面局部的规划。

❷通过线条将版面的区域进行切割，从而规划出合理的版式结构。

法则1 巧用线条对版面进行分割

在版式设计中，我们可以运用多种样式的线条对版式结构进行合理的分割。如对图文进行分割，以及对编排区域进行分割，运用线条的分割手法，以规划出理想的版式布局等。此外，正确认识与了解线条的分割法则，对学习版式设计还将起到促进作用。

在版式设计中，运用线条将版面切割成等量或不等量的区域，随后将视觉要素，如图形、文字等，排列到预先设定好的区域中，使版面中的图文信息都得到合理分配，从而打造出科学化的版式结构。

图片解析
❶运用代表性的人物造型来点明主题。
❷运用线条切割的方式将画面划分成多个区域，并将图形与文字放置在指定的区域中，从而完成对版面的合理划分。

为了将包含大量图片的版面进行有效的图文分割，可以尝试采用线条切割的方式，以在版式结构上准确地区分这两种视觉元素。通过将图片与文字进行有效的分割来塑造出两者在版面中的独立形象，并最终达到提高版面辨识性的目的。

图片解析
❶通过线条将图形与文字进行有效的区分，以起到协调版式结构的作用。
❷将图形元素摆放在版面的四周，使画面呈现出饱满、严谨的视觉效果。

法则2　使用线条加强版面信息的表现力

在版式设计中，线条还被运用到图片的处理上，比如为某个视觉要素加上边框，从而使该要素想要传达的信息得到有效的突出与强调，或者直接用线条对画面中的某个图形进行剪裁，以完成对该要素的艺术化处理等。

在版式设计中，可以通过对指定的视觉要素加上边框来强调它在画面中的重要性。需要注意的是，线框在造型上具有一定的局限性，由于过分规整的线框样式会使人产生审美疲劳，为了提高观赏者对画面的感知兴趣，提高整体的设计美感，可以在线框上加入一些图案或图形来起到点缀的效果。

──── 图片解析 ────
❶通过为图片加入裱图框，使图片对信息的表现力得到显著提高。
❷设计者刻意采用漫画式的表现手法来增添版面的趣味性。

设计者运用线条对版面的背景或视觉要素进行切割与剪裁，以此来改变图像的原有形态，从而打造出具有个人特色的图像效果。常见的处理方式是，使用线条直接对某个图像进行切割，从而使图像表现出不完整的视觉效果。

──── 图片解析 ────
❶运用卡通化的表现方式,使画面呈现出夸张的视觉效果，从而给观赏者留下深刻的印象。
❷设计者利用液体将版面分割成上下两部分，以此打造出主次分明的效果。

1.2.4　线的形态组合法则

由于线条拥有多种表现形态，因此线条之间的组合方式也是非常丰富的。在版式设计中，线条的组合方式非常繁多。一般设计者会将具有互补性的两组线条形态组合在一起，利用两者在形式上的反差感来增强画面的视觉冲击力，并进一步提升作品的注目度。

在平面构成中，将不同形态的线条编制在一起，利用线条在结构与形态上的反差来制造视觉冲突感，并给观赏者留下深刻的印象。最常见的一种组合就是曲线与直线，由于它们在形态特征上存在明显的差异，因此这样的组合能有效地提升版面的表现力。

─── 图片解析 ───
❶运用曲线与直线在形态上的对比效果来增强版面的视觉表现力。
❷设计者通过在版面中运用大量的高纯度色彩，以提高画面的注目度。

在版式设计中，线条有着丰富的表现类型，如垂直线、水平线和平行线等，将这些风格迥异的线条类型以组合的方式投放到版面中，利用存在差异性的线条类型来调和版式结构。此外，还可以借用存在共性的线条类型来加强版式结构的冲击性。

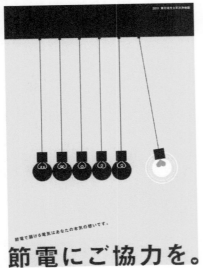

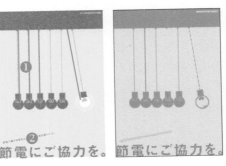

─── 图片解析 ───
❶将垂直线与斜线以组合的方式排列在一起，以此来增添版式结构的协调性。
❷将文字信息以倾斜的走向进行排列，从而使版面结构的灵活性得以呈现。

1.3

面是构成版式的三要素之一，在画
面中它总能带给我们直观的视觉
形象。

挖掘面元素在版式中的影响力

在几何学中，我们将线移动
后留下的轨迹称为面。与此同时，
还可以将扩大的点、点的密集排
列和线的围合等元素也同样看作
是面。

在平面构成中，面占有最大
的空间面积，同时孕育着强烈的
情感表达。相对于线和点来讲，
面具有更实在的质感和更形象的
视觉表现力。如右图所示，编者
直接采用摄影型图形，从而将动
物的块面形象直观地表现出来。

1.3.1　面的表现法则

面的表现形态丰富而多样，根据构成原理的不同，可以将面划分为以下 4 种类型：几何形体的面、
有机形体的面、偶然形体的面和自由形体的面。随着形态的变化，面所带来的视觉感受也随之改变，
结合版面的主题需求选择相应的表现形态，从而使版面的表现结构与内容信息得到高度统一。

在版式设计中，可以被当作面元素的物象有很多，
可以是整篇的文字，也可以是一张图片。这些面元素拥
有不同的形态，主要有规则与不规则之分。不规则的面
形态能使版面具有抽象化的艺术效果，而规则的面形态
则会给人以清新、明朗的感觉。

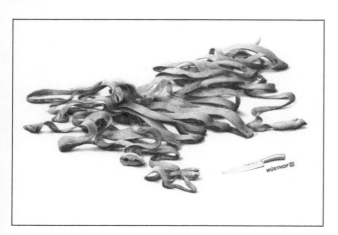

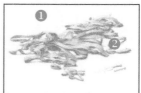

┌─── 图片解析 ───┐

❶利用不规则的面元素使画面呈现出新奇
的视觉效果，同时增强观赏者的感知兴趣。
❷将产品实物摆放在版面中，以帮助观赏者理
解主题，并为其提供真实的产品信息。

法则1 几何面增强版面功能性

所谓几何面，是指通过数学公式计算得来的面，如三角、圆和矩形等。其中，既有单纯直线构成的面，也有直线与曲线结合而成的面，这些由不同公式及不同线形构成的几何面，不仅在视觉上拥有简洁而直观的表达能力，同时在组成结构上还具有强烈的协调感。

在版式设计中，根据构成因素的不同，可以将几何图形划分为两种形态，一种是以纯曲线构成的曲面，常见的曲面有圆、椭圆等。一般情况下，曲面能给人以严谨、规整的视觉印象。与此同时，通过加入曲面还能提高版面的亲和力，从而拉近观赏者与画面的距离。

── 图片解析 ──
❶设计者在版面中采用几何曲面，通过严谨的图形结构来增添画面的严谨感。
❷采用专业性的分析方式来表现主题信息，以增强观赏者的信赖感。

另一种几何面主要由直线构成，因此也将其称为直面。常见的直面大多是数学中的一些几何图形，如矩形、多边形和三角形等。从直面的结构特征上来讲，它具有规整的外部轮廓和严谨的内部结构，将直面运用到版式设计中，能有效地提升版面的专业感与务实感。

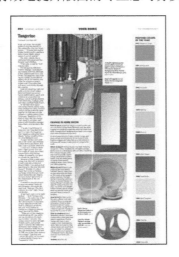

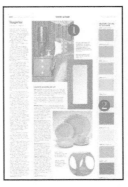
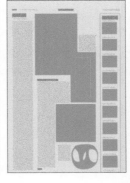

── 图片解析 ──
❶设计者在版面中加入了大量直面，并利用这些矩形面来体现版式结构的严谨感。
❷将版面中的矩形面在垂直方向上进行整齐排列，从而增强了局部编排的规整感。

法则2　有机形体的面赋予版面表现力

　　有机形体的面是指生活中那些自然形成或人工合成的物象形态，如植物、动物、机械和建筑等，因此也称它为自然形体的面。由于有机形体面与我们平时接触的许多事物都有相似之处，所以它有效地触发了观赏者的情感，并使其产生相应的联想。

　　在平面构成中，通过对已知物象的形态进行具象化处理，使该物象的形得到最简要的概括与描述。与此同时，还获得了该物象的有机形态面。根据设计对象的不同，将有机形体的面划分为两种，一种是以人为合成的物象为设计目标，如手机、楼房和电视机等，这些物象具有鲜明的时代感与代表性。

――― 图片解析 ―――
❶将简笔画式的人物图形摆放在画面中央，从而给人带来一种精炼、简约的感觉。
❷将产品实物与人物图形以组合的方式呈现出来，使该实物形象得到强调。

　　另一种是以自然界中本身就存在的物象为设计目标，如花、草、鸽子和人等，通过对这些物象进行具象化处理，以构成该物象的有机形体面。在平面构成中，以自然元素为设计对象的有机形体面在视觉与内涵上均具有强烈的象征意义，如通过鸽子来象征着和平、运用植物来唤起环保意识等。

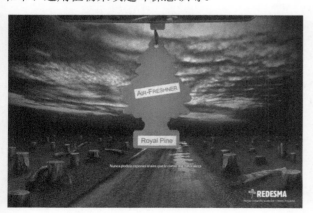

――― 图片解析 ―――
❶通过将植物类有机面体放置在视图中，以最直接的表述方式点明了版面的主题。
❷透过背景画面中的"景色"，同时结合版面的主体物，从而激起观赏者的环保意识。

法则3　偶然形体的面凸显版面戏剧性

　　所谓偶然形体面，是指通过人为或自然手段偶然形成的面形态。偶然形体的面没有固定的结构与形态，可以通过多种方式来得到偶然形体的面，如腐蚀、喷洒和熏烤等。在版式设计中，该类型的面往往能给人以强烈的随机感与生动感。

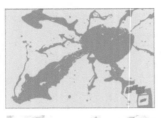

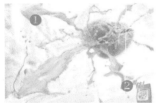

　　在平面构成中，可以通过人为的手段来得到偶然形体的面，比如将颜料随意地涂抹到纸上，把墨汁喷溅到画布上，或直接利用计算机软件直接合成液体喷洒的效果等，设计者利用这些非自然的创作手法，可以打造出面形态的随机性。除此之外，这些充满偶然性的面在视觉上还具有一定的艺术美感。

> 图片解析
> ❶通过汉堡中油汁夸张化的喷射效果，来打造具有视觉冲击感的广告画面。
> ❷产品实物结合精简的文字标语，以帮助观赏者更快地理解广告中的创意。

　　除去人为的做法外，生活中的一些自然现象也能拟造出充满偶然性的面形态。比如风吹在沙地里形成的形状，或者雨水落在湖面时产生的涟漪效果等，这些通过自然力量所构成的面形态，在结构上具有不可复制的意外性，能给观赏者留下深刻的印象。

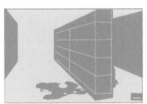

> 图片解析
> ❶设计者通过另类的表达方式，以夸张的角度展现了广告产品的特色。
> ❷由瓶子摔碎而形成的液体形状，在视觉上构成具有随机性的自然型偶然面。

法则 4 　自由形态的面使版面更具灵活性

在版式设计中，可以通过两种途径来得到面的自由形态，一是对图像要素进行自由排列，通过物象间随性的空间关系来得到；二是运用手绘的方式来直接得到。自由形态的面在视觉上时常给人以随性、洒脱的印象，所以这类面往往被应用到那些持有自由主题的杂志与报刊中。

在版式设计中，将版面中有关联的图像要素以密集的方式编排在一起，集中后的图像在整体结构上会形成一种不规则的面，从而获得具有自由效果的面形态。同时，利用该面化效果来打破呆板的版式结构，给人留下深刻的印象。

— 图片解析 —
❶将多个有机面元素以集中的方式组合在一起，以构成充满随意性的自由形态的面。
❷通过上图下文的编排形式，使文字与图片都得到充分表现。

另外，还可以通过徒手描绘或软件制作的方式来得到面的自由形态。通过以上方式获得的面具有明显的插画效果，同时还具备独特的造型能力，并在表现形式上充满了个性化色彩。由于自由形态面的规律性很弱，在制作该类面的形态时，应确保其设计思路与版面主题相吻合。

— 图片解析 —
❶利用具备手绘效果的自由形态的面，在视觉上给人留下充满意境美的印象。
❷设计者在版面中运用了图形的异影效果，从而进一步增强了画面的创意性。

1.3.2　面的构成法则

在平面构成中，根据形成方式的不同，可以将面的性质划分为积极与消极两种。由于构成因素的不同，这两种面不仅在表现形式上存在着本质的区别，同时在情感表达上也存在着一定的差异性。

1．面的积极性

在平面构成中，将那些利用点或线元素的移动或放大所形成的面定义为积极的面，也被称为实面。实面的特征主要表现在，它能给人以充满整合感的视觉印象，并且，与虚面相比，实面在情感表达上具有更强的诉求能力。

──── 图片解析 ────
❶由块状物象构成的实面，在视觉上带给观赏者一种完整、积极的心理感受。
❷设计者刻意采用空旷的版面作为背景，从而使主体物变得更加醒目与突出。

2．面的消极性

在平面构成中，将那些由点或线元素聚集而形成的面定义为面的消极性，也被称为虚面。虚面主要由零散的元素组合构成，因此在视觉上往往给人以细腻感。此外，过分密集的面结构还能在视觉上产生视觉的厚重感，同时使观赏者产生压抑的心理，从而进一步对版面留下深刻的印象。

──── 图片解析 ────
❶版面中由多个咖啡豆组成的虚面，在视觉上给人留下充满精细感的印象。
❷设计者用咖啡豆来充当液体，通过替代的表现手法来增强广告的设计感。

1.3.3 面的使用法则

在版式设计中，可以将任意两种或两种以上的面形式安排到同一个画面中，以此将不同表现特色的构成法则融合在一起，从而使画面充满活力与激情。但当遇见一些特殊的题材时，如那些注重编排规范的政治类报刊，此时就应减少面形态的组合数量，以确保版面结构的整洁度。

为了使作品或刊物的版面不显得太过单调与呆板，版式中的面形态通常都是以组合的方式呈现在我们眼前的。该类别的组合编排不仅丰富了版式结构，同时还能使版面的表现形式得到拓展，并带给观赏者更加多元化的视觉效果。

图片解析
❶通过由人体构成的有机形体面，传达出具有象征意义的主题信息。
❷通过有机形体与自然形体的组合表现，使版式结构变得更为丰富。

在我们所接触的出版物中，有些是以商务、校内和公益等元素为题材的，这些刊物给人的印象是严肃与拘谨。因此，在设计这类刊物的版面时，会尽量减少版式中面的形态类型，以求塑造出版式结构的简洁感与务实感，从而增强版面信息的可读性与真实性。

图片解析
❶设计者通过具有简洁感的有机形体面，从侧面烘托出版面的务实感与洗练感。
❷通过组合的方式将有机面编排成自由的形态，从而使版式结构变得富有设计性。

借助构成元素打造富有创意性的版式效果

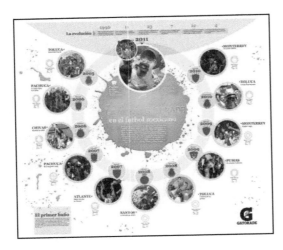

在本章中，主要为大家讲解了与版式构成元素相关的知识点，以及这些构成元素各自的运用法则。结合本章所学知识，我们挑选了一则平面作品，如左图所示。希望大家能根据所学内容对作品中的一些设计手法进行剖析，并在鉴赏过程中逐渐巩固对本章的学习。

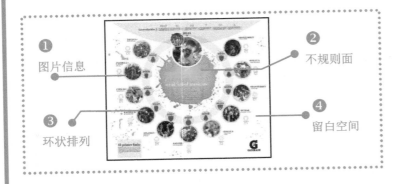

❶ 图片信息

❷ 不规则面

❸ 环状排列

❹ 留白空间

❶ 图片信息
设计者将具有代表性的图片信息摆放在画面中，以此提高版面整体的生动性。

❷ 不规则面
将液体喷洒形成的不规则面放置在画面中央，从而使该元素的视觉形象变得更加突出、醒目。

❸ 环状排列
设计者刻意把图片要素以环状的形式进行排列，以打造出饱满、圆润的版式效果。

❹ 留白空间
将图片与文字以外的区域进行留白处理，使版式结构变得更为顺畅。

第2章

留心版式设计中的视觉法则

- ◆ 如何使版面指向更加明确
- ◆ 调整视觉重心控制版面主题表现
- ◆ 营造灵活愉悦的版面结构

2.1

视觉流程具有引导观赏者视线的
作用，不仅如此，它还使画面结构
显得清晰且具有条理性。

如何使版面指向更加明确

在版式编排过程中，设计者将
画面中的视觉要素以特定的朝向或
方式进行排列，以此对观赏者的视
线起到引导作用，从而形成版面的
视觉流程。

版式设计中的视觉流程不仅能
引导观赏者对画面进行浏览，同时
还能帮助版面规划布局，使版式的
结构变得具有条理性。

法则1　单向视觉流程决定版面具体走向

单向视觉流程可以说是版式设计中最常见的一种视觉流程，它不仅在视觉传达上有直观的表现力，
同时还具备简洁的组合子结构。在实际的版式设计中，根据编排方式的不同可将单向视觉流程分为两
类，一种是横向视觉流程，另一种是竖向视觉流程。

1.　横向视觉流程

横向视觉流程又称水平视觉流程，在版式编排时，将
版面中与主题相关的视觉要素以水平的走向进行排列，从
而使画面形成横向的视觉流程。该类别的视觉流程具备极
其平缓的布局结构，因此它在视觉上总能带给人以平静、
稳定的印象。

┌─ 图片解析 ─┐

❶运用丰富的背景配色来打破版式的呆板
感，从而给观赏者留下深刻的印象。

❷将人物以水平走向进行整齐的排列，从而
构成极具平稳感的横向视觉流程。

值得一提的是，横向视觉流程在版式中具有方向性，即可以通过对视觉要素的编排顺序，使版式呈现出向左或向右的方向感。当视觉流程朝向右时，与人的阅读习惯相符，因此带给人以舒适、平缓的感觉；当视觉流程朝向左时，就会因为打破编排规则而使画面充满奇特感。

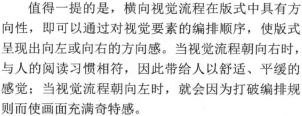

── 图片解析 ──

❶将飘散的叶子以有序的方式组合在一起，通过疏密有致的排列顺序使画面呈现出具有延伸感的横向视觉流程。

❷设计者将天空作为画面的背景，通过空旷的背景画面来突出主体物的视觉形象。

2. 竖向视觉流程

竖向视觉流程又称垂直视觉流程，在定义和表现方式上与横向视觉流程相反，是指将画面中的主体要素以垂直的方形进行排列，从而形成版面的竖向视觉流程。该类视觉流程在结构上具备有序性与简洁性。除此以外，它还能使画面呈现出肯定的视觉效果。

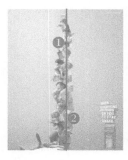

── 图片解析 ──

❶将版面中的人物以垂直的走向进行排列，从而构成版面的竖向视觉流程。

❷将人物图形从上往下以逐渐变大的形式进行排列，通过渐变的排列方式赋予版面以规律性的节奏感。

在竖向排列的版式设计中,通过对视觉要素的编排来改变画面的视觉重心,加强版面上方元素的表现,以此构成由上至下的视觉流程,从而带给观赏者空间的下坠感;相反,则会带给观赏者空间的上升感。

图片解析

❶将图形元素集中排列在版面的上方,从而使版面产生从下往上的单向视觉流程。

❷通过将版面的视觉重心放置在版面的上端,使画面产生向上的视觉牵引力。

法则2　斜向视觉流程使版面更具动感

将版面中的视觉要素以倾斜的方式进行组合排列,以此构成斜向的视觉流程。斜向视觉流程主要分为两种,一种是单向的,另一种则是多向的。由于大部分版式都是以规整的布局方式来进行编排设计的,因此倾斜的排列方式将带给人们前所未有的视觉新奇感与动感。

1. 单向

单向是指视觉要素以单个指定的倾斜方向进行排列,这样的编排方式不仅能使画面的表现变得坚定有力,同时还强化了主体物的视觉形象,并提高了版式的关注度。

图片解析

❶将视觉要素以单个倾斜的走向进行排列,从而使画面呈现出肯定的视觉结构。

❷利用卡通化的动物造型来进行视觉传达,给观赏者留下积极的印象。

2. 多向

多向是指版面中的视觉要素以多个倾斜方向进行排列与组合,从而形成多向的倾斜视觉流程。该类版式结构具有不稳定性,因此使画面呈现出富于变化的视觉效果。在进行该类版式设计时,要注意理清画面的主次关系,避免出现杂乱无章的效果。

┌─ 图片解析 ─┐
❶运用垂直与水平两条走向来进行文字的排列设计,以此形成多向的版式编排结构。
❷画面中同时存在齐左与齐右两种文字编排样式,通过该类组合式的排列形式,在视觉上起到丰富版式布局的效果。

法则3 导向的视觉流程使版面更加鲜活

导向是指版面透过诱导元素,以主动的方式来引导观赏者对画面进行浏览,并同时完成对主题诉求的传达。无论是图形、文字还是色彩,都可以成为用来引导观赏者的编排元素,根据引导方式与版式结构的不同,将其划分为以下 5 种:向心型、离心型、发射型、十字型和引导型。

1. 向心型视觉流程

将版面中的主体物以向版面中心靠拢的方式进行编排与组合,使观赏者跟随版式的延展方向来完成浏览。除此之外,还可以将漩涡状的编排方式融入到版式中,同样能使画面产生向内的视觉牵引力。

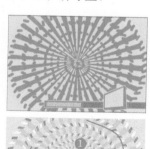
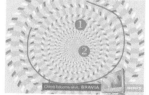

┌─ 图片解析 ─┐
❶将版面中的几何图形以漩涡的形式进行排列,从而使画面产生向内的视觉牵引力。
❷利用简单的配色关系打造清新醒目的视觉效果,同时赋予版式以独特感。

2. 离心型视觉流程

与向心型视觉相对应，离心型视觉的版式结构以扩散为主。简单来讲，将重要的视觉要素摆放在画面的中央，同时把辅助的要素以分散的形式排列在画面周围，以促使画面产生由内向外的扩散效果。

图片解析

❶以正文为中心，将图形与标题以环绕的方式排列在它周围，通过这种排列方式使画面在视觉上产生向外扩散的离心力。

❷利用多种图形元素来丰富版式整体，同时打破呆板的排列格局，带给观赏者充满活力的版式效果。

3. 发射型视觉流程

在表现形式上，发射型视觉流程与离心式视觉流程有着类似的地方，比如在进行发射型视觉流程的创作时，同样将视觉要素分为主体与辅体两部分，利用发散式的排列方式来突出主体物的视觉形象。通过发射型视觉流程，使版式的整体性得到加强与巩固，从而带给观赏者一种和谐、统一的视觉印象。

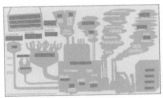

图片解析

❶以汽车图形为中心点，将辅助的图形与文字元素以发射的形式排列在版面中，从而使版式呈现出松弛有度的视觉效果。

❷通过丰富的文字信息与形象的图形说明，来提高画面对主题的阐述能力。

4. 十字型视觉流程

　　将版面中的视觉要素以十字或斜十字的形式进行交叉排列，通过这样的编排手法促使画面构成十字型的视觉流程。在十字型版式布局中，将要素间的交叉处作为画面的视觉焦点，从而将观赏者的视线集中在该点上。

──── 图片解析 ────

❶版面中的公路以十字交叉的形式呈现在观赏者面前，设计者将物象的交叉点作为画面的视觉重心，引导观赏者将注意力集中于此。

❷将产品实物与文字说明摆放在视图下方，以维持画面在布局上的平衡感。

5. 引导型视觉流程

　　在版式的编排中，还可以利用一些具有方向性的视觉元素来引导观赏者，使其按照预设的流程来完成对版面的浏览。在实际的设计过程中，某些特定的元素在视觉上都具有方向性，常见的有直线、箭头图形等。

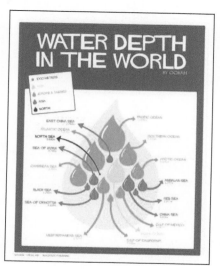

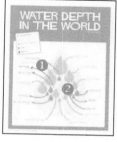

──── 图片解析 ────

❶设计者利用具备方向感的箭头图形来引导观赏者的视线，以增强版面的传达能力。

❷将水滴图形以密集排列的方式集中在画面的中央，以打造出版面的视觉重心。

2.2

将与主题有直接关联的元素摆放在视觉重心的位置，以此强化画面对主题的表现。

调整视觉重心控制版面主题表现

设计者将重要的视觉要素进行特殊化处理，使其呈现出与周围事物完全不同的视觉效果，从而成为画面的视觉焦点。

在版式设计中，视觉重心能帮助我们提炼出画面的重点信息，如此一来，不仅加强了版面的视觉表现力，同时还缩短了观赏者的感知时间，从而促进了版面的传播效率。如右图所示，设计者刻意将背景画面进行模糊处理，从而使主体物的视觉形象得到突出，并进一步成为版面的视觉重心。

法则1 重心在上强调版面第一印象

在版式设计中，将主体物摆放在视图的上方，使观赏者的视线被集中于此处，并以此构成版面的视觉重心。将重心设置在版式的上方，可以使观赏者在接触画面时立刻就能看到主体物。该种编排方式从侧面加强了画面对主题的传达能力，同时强调了版面的第一印象。

重心的概念来源于物理学，它是指物体内部所受重力的作用点。在版式设计中，画面的重心与视觉要素的编排方式有着紧密的联系，如将版面的主体物摆放在版面的上方，通过这种编排方式可以使该部位成为版面的视觉重心。

────── 图片解析 ──────
❶将放大的手指作为版面的视觉重心，在视觉上给人以夸张、独特的印象。
❷利用视图上方的手指图形，将观赏者的视线有效地集中在该部位。

视觉重心的作用在于吸引观赏者的视线，将它集中在画面的中心要素上，通过这种编排方式来加快主题信息的传播速度。如果将该要素摆放在视图的上方，还能使版面呈现出漂浮的视觉效果，同时给观赏者留下深刻的印象。

──── 图片解析 ────

❶将视觉要素摆放在视图中心偏上的位置，从而带给观赏者一种悬浮、上升的视觉感受。

❷设计者运用拟人的表现方式来增添版面的趣味感，同时使观赏者感到轻松与愉悦。

法则2 重心在下加强版面稳固感

将视觉要素集中在版面的下方，将观赏者的视线集中于此处，并以此将该版面的视觉重心固定在画面的下方。由于视图的下方能带给人以稳固、扎实的视觉印象，因此该类编排方式常用于以严肃、庄重为主题的平面设计。

在版式编排设计中，将画面中的视觉信息集中在版面的下方，将观赏者的注意力集中于该点，同时结合周围空旷的背景画面，使画面产生向下的视觉牵引力，并带给观赏者踏实的视觉感受。

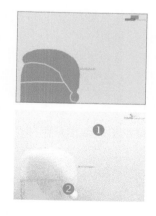

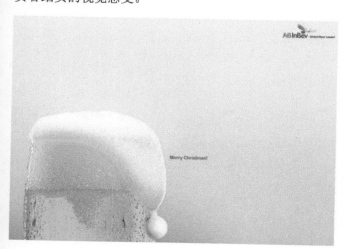

──── 图片解析 ────

❶利用渐变的暖色调背景，营造出具有温馨感的氛围，同时带给观赏者以好感。

❷设计者通过主体物的摆放位置，将观赏者的视线集中在版面的下方。

将视觉重心设置在视图的下方，还能在视觉上给观赏者以沉重、稳固的印象。通过该类编排方式来增强主体物在版式中的质感，以此使该视觉形象深入人心，从而达到传递主题信息的目的。

┌─── 图片解析 ───
❶将主体人物摆放在视图的正下方，以此将画面的视觉重心集中在版面的下方，从而使画面呈现出沉稳、踏实的视觉氛围。
❷设计者对周围环境施以夸张的表现手法，通过该种表现手法来渲染画面，使空间的下坠感变得更为强烈。

法则3　重心在左凸显版面舒展性

众所周知，人的阅读习惯为从左到右，因此当观赏者接触到版面时，他们第一眼看到的是左方。在版式编排设计中，将主体物放置在版面的左方，以迎合观赏者的阅读习惯，通过这种编排方式使观赏者对版面的浏览变得格外顺遂，从而营造出相对舒适的视觉氛围。

将主体物摆放在版面的左方，同时弱化周围事物的视觉形象，通过该种编排方式，促使观赏者的视线集中在版面的左方。视觉重心被设置在版面的左方，不仅符合常规的排列规则，同时还使画面表现出轻松、舒展的视觉效果。

┌─── 图片解析 ───
❶将主体物摆放在视图的左方，以此在编排结构上带给观赏者一种顺遂的视觉感受。
❷将标志设置在视图的右下方，以求与主体物在视觉上达成和谐的布局结构。

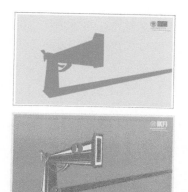

在版式编排设计中，将主体物摆放在画面的左方，同时运用该视觉要素来引导观赏者，比如物体摆放的朝向向左，或者将右视图直接留白，通过这种处理方式使观赏者产生从左至右的视觉流程，同时感受到版式结构的自由与活力。

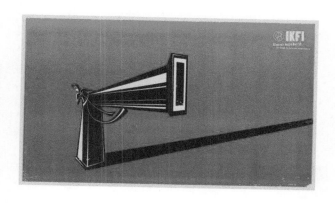

图片解析

❶将主体物设置在画面的左方，并利用该要素自身具备的方向性，将观赏者的视线向右引导，从而构成一个具有指向性的视觉流程。

❷简笔画式的人物造型配合空旷的背景画面，使观赏者感受到作品设计的另类与新奇。

法则4　重心在右表现版面庄重感

在版式设计中，将视觉重心设置在视图的右方，会给人以局促、紧张的视觉感受，同时使观赏者对该版面留下深刻的印象，从而达到宣传主题信息的目的。

在版式编排设计中，将具有视觉冲击力的物象摆放在视图的右方。与此同时，融合一些辅助元素来加强该主体物的形象塑造，利用物象奇特的外形及视觉重心在上的版式结构，打造出具有震撼效果的平面作品。

图片解析

❶对人物要素进行适度的模糊化处理，增强了版面的趣味性。

❷将主体要素摆放在视图的右方，通过颠覆阅读习惯，带给观赏者奇特的视觉感受。

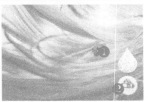

由于视图的右方并不是常规的视觉切入点，因此，当把视觉重心摆放到右方视图时，利用打破观赏者浏览习惯的编排方式，促使画面呈现出与众不同的视觉效果。

——— 图片解析 ———
❶通过动物的鼻子与头发在逻辑关系上的矛盾感，将观赏者的视线集中在视图的右方。
❷运用标志图形来塑造品牌的视觉形象，同时帮助观赏者理解画面的主题信息。

法则5　重心在中心突出主体物

　　将主体物摆放在视图的中央，以此使观赏者的视线集中到该点上，从而构成版面的视觉重心。该类编排手法是版式设计中最为常见的，因为视图中心往往是版面中最具吸引力的地方。不仅如此，宽裕的版面空间还有利于我们对版面中其他要素进行布局与调控。

　　在版式设计中，视图的中央是整个版面的核心部位，它能使放置在该区域的物象得到突出表现。因此，许多设计者选择将主体物直接摆放在该部位，以利用版式与视觉心理上的共鸣效应，将主体物的视觉形象最大化，从而加强画面传达信息的效力。

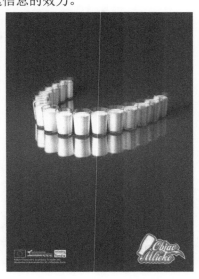

——— 图片解析 ———
❶将画面的主体物摆放在画面的正中央，从而强调了该要素在版面中的重要性。
❷将牛奶杯拼凑成一排牙齿的形状，并利用意象化的图形元素来表达产品的特色。

法则6 把握版面中的最佳视域

　　在进行版式编排设计的过程中，不仅要考虑设计对象的实质需求，同时还要将主题信息与视觉要素以融洽的方式联系到一起，以此得到可靠的理论依据，凭借该结论的内容将最具价值性的视觉要素放置到版面的中间部位，从而使版面看上去既美观又具有深刻的含义。

　　在版式设计中，最佳的视域是相对存在的，所以需要通过在版面中的实验与校对来得出相应的答案。例如，视图的上部与下部比较起来，上部给人以轻浮、虚无的感觉；下部则给人以踏实、稳定的感觉。所以在进行设计版式的布局时，不仅要清楚画面的主题信息，同时还要了解物象被摆在不同的位置，会使画面呈现出怎样的视觉印象。

　　图片解析
　　❶设计者采用简单的配色方式，打造出具有清新感的视觉氛围。
　　❷将版面的视觉重心设置在视图下方，从而给观赏者以沉稳、踏实的版式印象。

　　根据人们对阅读习惯的总结经验可知，在同一水平线上，左边的事物总是比右边的事物先进入人的视线。因此，在进行横向排列时，在符合主题需求的情况下，将视觉要素摆放在画面的左端，以此带给观赏者以视觉上的舒适感。

　　图片解析
　　❶ 将文字信息排列在视图的左端，从而加强左视图的视觉表现力。
　　❷将视觉要素摆放在画面的左端，以打造出符合人们阅读习惯的版式效果。

2.3

合理的布局能使版面呈现出理想的视觉状态,同时还能帮助版式理清脉络,以体现出表现的灵活性。

营造灵活愉悦的版面结构

在版式设计中,通过对视觉要素的组合与排列,使画面具有直观的表现能力与井井有条的编排结构。随着时代的不断发展与进步,在版式设计领域已出现了大量新生的设计思想,为了迎合时代的变迁,必须认识和掌握这些新思潮,同时利用它们来丰富自己的创作灵感,从而打造出更多优秀的作品。如右图所示,设计者运用主体物中曲折的线条构造,使画面产生视觉引导力,同时形成曲线型视觉流程。

法则1 曲线视觉流程使版面更具美感

曲线视觉流程是指观赏者随着版面的布局状态,以一个弧形或弯曲的走向来完成整个阅读流程。与单向视觉流程相比,曲线视觉流程没有后者在画面表现上的直观性,但正是因为前者在结构上的迂回感,反而造就了曲线视觉流程微妙且富有变化感的版式特色。

1. 抛物线形

抛物线形视觉流程是曲线视觉流程中常见的一种。在实际的设计过程中,设计者将版面中的视觉要素按照抛物线式的走向进行排列,从而使观赏者跟随这些物象的轨迹来完成对版面的浏览。该类视觉流程的特点是,它在方向上具有单一性。

┌─── 图片解析 ───
❶将人物按照抛物线的轨迹进行排列,以此构成曲线式视觉流程。
❷运用夸张的表现手法来传达具有深刻意义的广告主题。

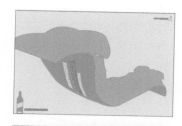

2．S形

以拉丁字母"S"为参考物，仔细观察其笔画与结构，随后将视觉要素以该种样式进行排列或扭曲，同时使观赏者的视线跟着该要素进行移动，从而构成S形视觉流程的版式效果。由于S形构图具有完美的曲线结构，因此该类视觉流程能有效地提升版式结构的美感。

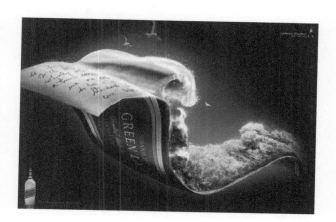

图片解析
❶利用弯曲的图形要素来引导观赏者的视线，并以此构成S形视觉流程。
❷将绿与黄两种同类色搭配在一起，从配色关系上增强版面的和谐感。

3．环绕型

在版式设计中，以某个视觉元素为中心，其他物象围绕该中心做回型状排列，通过层层包围的编排结构，使画面形成环绕型视觉流程的版式效果。该类型构图在视觉上呈现出连绵不绝的迂回感，同时带给观赏者以饱满、扩张的视觉印象。

图片解析
❶将画面中的火柴棍以环状排列的形式围绕在人物周围，设计者在版面中加入了大量的火柴，使画面呈现出环绕型的视觉流程。
❷运用表情夸张的卡通人物来提升版面整体的亲和力，同时给观赏者留下积极的印象。

4．O形

O 形视觉流程与 S 形视觉流程在排列方式上是类似的，只是它们所要展现的版式效果存在差异而已。设计者利用 O 形构图，将相关的视觉信息串联在一起，通过这种排列方式带给观赏者一种极具统一感与协调感的版式印象。

图片解析

❶将版面中的视觉要素按照 O 形构图进行排列，从而形成视觉上的回路效果。

❷将画面的两边分别以黑白的配色形式摆放在版面中，利用无彩色间的强对比性来丰富版式格局，以加深观赏者的记忆。

5．弧线形

弧线形视觉流程是指将画面中的视觉要素以弯曲的走向进行排列。该类视觉流程在编排结构上带给观赏者以直观、简洁、大方的印象，同时还能使视觉要素的形象变得异常独特。

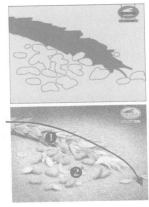

图片解析

❶利用弯曲的麦穗来对观赏者进行视觉引导，从而在空间上构成弧线型的视觉流程。

❷将麦穗与产品实物搭配在一起，从侧面反映出该食品品牌在选材上的特色。

法则2　散构的视觉流程增强版面随机性

将画面中的视觉要素（文字、图形等）以分散的形式进行排列与编排，以此构造出一个没有规则感的散构式布局。通过该种编排方式，使画面表现出自由、随性、洒脱的视觉效果。不仅如此，它还强调了空间的运动感与随机性，从而带给观赏者以新奇的印象。

1. 疏散型

所谓疏散型散构排列，是指首先将视觉要素进行分散型的排列，随后扩大各个视觉要素间的间隔，同时尽量减少视觉要素的数量。通过这一系列编排措施，打造出主次分明的版式结构，同时带给观赏者以饱满且不失变化感的视觉效果。

> ── 图片解析 ──
> ❶将天使元素以散构的方式进行排列，刻意拉大它们之间的距离以得到版面的饱满感。
> ❷为图片加入白色的边框，从而达到强调图片内容的目的。

2. 密集型

顾名思义，密集型排列就是尽量缩小各要素间的空间距离，使画面呈现出局促、紧凑的视觉效果。密集型散构排列的特点在于，它拥有复杂且无序的组织结构，同时还能赋予版面以动感和活力，并带给观赏者一种热闹非凡的视觉印象。

> ── 图片解析 ──
> ❶版面中的文字标语十分醒目，利用简明扼要的标语说明向观赏者阐述版面的主题信息。
> ❷将人物要素以密集的方式排列在一起，以此构成版面的局促感与紧张感。

法则3 重复构成使版面充满平稳感

　　所谓重复构成，是指将外形特征具有相同或相似性的视觉要素，以反复的形式排列在版面中，以此强调该要素在视觉上的形象。该种构成方法在结构上充满了秩序性与规律性，能带给观赏者深刻的视觉印象。其表现形式主要有两种，一种是反复型，另一种是渐变型。

1. 反复型

　　将画面中的重复元素以同样的姿态与形式进行排列，从而构成反复视觉流程。该类编排方式在结构上缺乏变化性，当将某个重复元素以统一的方向进行排列时，能大大增强画面在单一方向上的运动感，同时产生强烈的视觉冲击力。

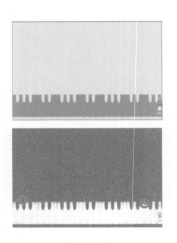

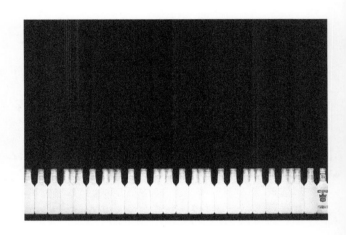

　　— 图片解析 —
　　❶将图形元素在水平线上进行反复的叠加与摆放，从而使版面产生强烈的视觉张力。
　　❷将产品实物摆放在重复阵列的末端，以此来打造版面的特异效果。

2. 渐变型

　　简单来讲，渐变型重复构成就是指将重复的元素以规则变化的形式进行排列。它在结构上具有丰富的变化性，随着有规律的变化还能增添版面的节奏感与韵律感，并带给观赏者以美的视觉感受。

　　— 图片解析 —
　　❶以重复渐变形式排列的人物要素，在视觉上给人一种强烈的韵律感。
　　❷设计者将品牌标志放置在版面中，以帮助人们理解版面中的创意设计。

法则4　切入式结构打造空间奇特感

在版式编排设计中，将视觉元素的局部放置在版面中，以此构成切入式的布局结构。动物、植物或人物等，任何物象都可以作为设计对象，通过切入式构图方式将这些要素以不完整的姿态投放到版面中，从而打造出具有新奇感的版式空间。

在版式设计中，将某个视觉要素的局部从视图的四周编排到版面中，以此构成切入式版式效果。通过该编排手法，使物象表现出离开或进入画面的姿态，同时在视觉上可以增强版面结构的互动性，从而缩短观赏者与版面之间的距离感。

图片解析

❶利用切入式构图法则，从视觉上拟造出人物刚踏进画面的互动效果。

❷设计者运用夸张的表现方式，将该版面的主题表现得准确且到位。

通过切入式的表现手法，将视觉要素的局部呈现在版面中。利用该要素在结构上的不完整性，激发观赏者对该事物的想象力，同时勾起他们对版面主题内容的感知兴趣。

图片解析

❶设计者只将人物的双腿摆放在版面中，从而构成具有想象空间的切入式构图。

❷通过加入流线型的图形设计来提高版面整体的美感。

通过疏密排列打造导向型视觉流程

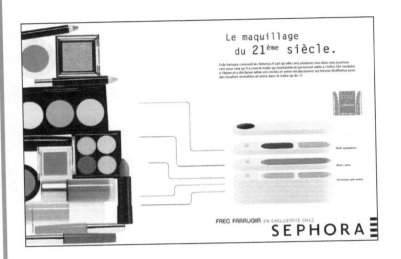

本章以讲解版式设计中的视觉流程为主,主要内容包括构图类型、各类别的视觉流程等。为了使大家今后能更熟练地使用版式的设计法则,我们专门挑选了一页杂志版面,该版面中包含了一些常规化的设计法则,希望大家在分析该作品的过程中,理解设计者的编排思路,从而使自己的设计灵感得到启发。

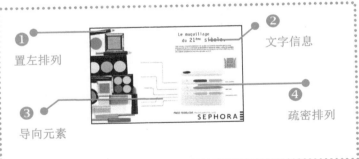

❶ 置左排列

❷ 文字信息

❸ 导向元素

❹ 疏密排列

❶ 置左排列

将主体物摆放在视图的左方边缘处,从而将观赏者的视线集中于此点上。

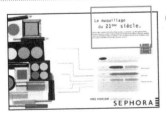

❷ 文字信息

根据内容的不同来设置文字的字号大小,从而使文字段落呈现出主次分明的视觉效果。

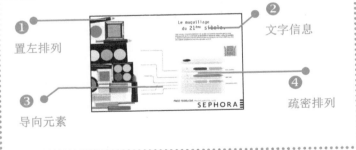

❸ 导向元素

将具备方向性的直线放置在画面中央,以此来强调版面视觉流程的单向性。

❹ 疏密排列

利用两组图像元素在编排上的疏密对比,来增强版式结构的节奏感。

第 3 章

网格在版式设计中的技术法则

◆ 认识网格系统

◆ 网格的作用

◆ 网格的应用

◆ 通过版面内容设置网格结构

3.1

网格作为版面的一种构成方式，在平面设计中普遍而广泛地存在着，在版式布局中起着骨架的作用。

认识网格系统

网格起源于 20 世纪，是一种在现代版式设计中发挥着重要作用的构成元素。通过网格这一分割方式的作用，能够使版面中的各种构成元素层次分明、井然有序地排列于版面之上，并且可以使它们相互之间的编排协调、一致。因此，作为平面构成的一种基本而多变的版面框架，网格在版式设计中的重要作用已经越趋明显，是从事平面艺术设计不可忽略的一项重要课题。

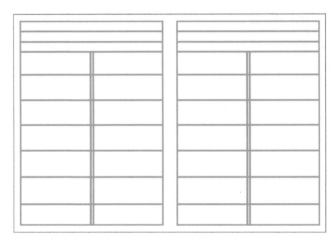

网格在版式设计中的应用，其主要目的是为了更有利于设计师对版面内容的编排，有条不紊地组织各项信息元素，充分提升版面的可读性。网格这一包含一系列等值空间或对称尺度的空间体系，为版式设计的编排形式和空间布局建立起了一种结构及视觉上的紧密联系，构建出更为完善的版面效果。左图所示为书籍杂志中常用的双栏式对称网格的常用结构。

网格这一概念的诞生为平面设计提供了一个基本框架，对于加强版面的凝聚力有着积极的作用，有助于设计师在进行版面编排时形成清楚、连贯的信息关系和易懂的页面。总之，网格是一种行之有效的版面设计形式法则，通过理性的思路使版面中构成元素的编排组合更为协调统一，产生更为稳定的版面效果。右图所示为单元格网格构成形式。

3.2

网格在版式设计中有着不可忽视
的调节与约束作用，能够使版面表
现出更为和谐统一的整体感。

网格的作用

网格作为版式设计中的重要构成元
素，能够有效地强调出版面的比例感和秩
序感，使作品页面呈现出更为规整、清晰
的效果，让版面信息的可读性得以明显提
升。在版式设计中，网格结构的运用就是
为了赋予版面明确的结构，达到稳定页面
的目的，从而体现出理性的视觉效果，给
人以更为信赖的感觉。

3.2.1 确定信息位置

在网格的各项功能中，最为基本却又最为关键的就是确定好版面各项信息的位置，对各项元素进
行有效的组织和编排，使页面内容具有鲜明的条理性。

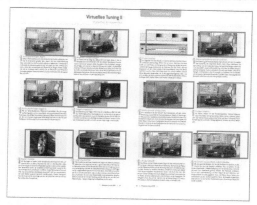

网格在版式设计中的运用对于版面要
素的呈现有着更为完善的整体效果，有助
于设计师合理安排各项版面信息，从而有
效地提升工作效率，极大地减少在图文编
排上所耗费的时间与精力。网格的实际应
用不仅能够使版面具有科学与理性的依
据，同时还可以让设计构思的呈现变得简
单而又方便。左图所举实例为运用了对称
式的单元格网格。

网格对于确定版面信息的作用是显而易见
的，设置不一样的网格效果，可以体现出不同
的版面风格与性质。通过各种形式网格的运用，
使设计师在编排信息时有一个理性的依据，让
不同页面内容变得井然有序，呈现出清晰易读
的版面效果。总之，通过网格的组织作用，可
以使编排过程变得轻松，同时让版面中各项图
片及文字信息的编排变得更加精确且条理分
明。如右图所示，栏状网格的运用使版面显得
条理清晰，结构分明。

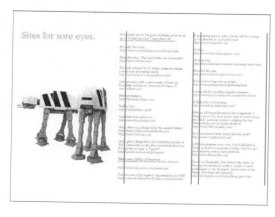

3.2.2 符合版面需求

　　网格具有多种不同的编排形式，在进行版式设计的过程中，网格的运用能够有效地提高版面编排的灵活性。设计师根据具体情况的需求选择合适的网格形式，而后将各项信息安置在基本的网格框架中，有利于呈现出符合需要的版面氛围。

在现代版式设计中，网格的运用为版面提供了一个基本的框架，使版式设计变得更加进步和精准，为图片与文字的混合编排提供了快捷、直观的方式，从而使版面信息的编排变得更具规律性与时代感，更易于满足不同领域的版面需求。左图所示为栏状网格结构，使版面显得均衡而平稳。

运用网格可以让整个版面具有规整的条理性，增加版面的韵律感，让不同类型的作品具有各自的特色氛围。网格的多种结构形式能够有效地满足不同页面的需求，使作品版面达到需要的效果。当人们在进行阅读时，就能从不同的版面形式中感受到设计师想要表现的风格特点。由右图所示的单栏式对称网格可知，版面具有简洁、单纯的风格特色。

3.2.3　约束版面内容

　　网格在版式设计中还具有约束版面内容的作用，能够更为合理有效地安排版面信息，使其具有固定的结构模式。特别是对于书籍或杂志的编排，选择相似的网格框架，有利于保持页面间的联系，使书籍内容具有统一的整体感。

　　网格对于版式设计的约束效力主要体现在对版面秩序感、比例感及整体感等的强调上，不仅能够使单一的版面具有清晰的视觉效果，同时还能够保持连续页面间的相关性，增强作品的整体感。左图所示为说明式网格形式，图文结合的编排设计使信息的表达显得更为生动具体。

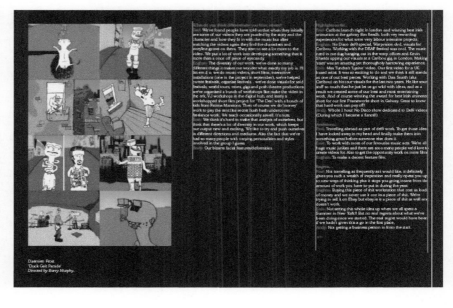

　　由于网格起着约束版面的作用，因而它既能使各种不同页面呈现出各自的特色，同时又能使其表现出简洁、美观的艺术风格，让人们对版面的大致内容能够一目了然，有效提升信息的可读性。并且，在确定的网格框架内，将一些细微的元素进行调整，可以让任何形式的版面都具有整体的平衡性，并且能丰富版面的布局设计。如右图所示，依据网格将图片与文字信息进行规则而整齐的编排。

3.2.4　保障阅读的关联性

　　网格是用来设计版面元素的关键，能够有效地保障内容间的联系。无论是哪种形式的网格，都能让版面具有明确的框架结构，使编排流程变得清晰、简洁，将版面中的各项要素进行有组织的安排，加强内容间的关联性。

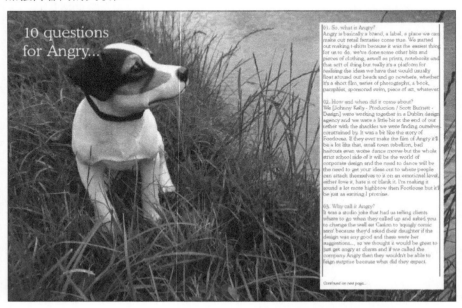

　　对于版面设计而言，网格可以说是所有编排的依据。无论是对称网格编排还是非对称网格编排形式，都能让版面有一个科学、理性的基本结构，使各内容的编排组合变得有条不紊，产生必要的关联性，从而让人们在阅读时能够根据页面所具有的流动感而移动视线。如左图所示，版面所呈现出的就是一种鲜明的空间关联性。

　　掌握网格在版式设计中的编排作用，其目的就是为了让版面具有清晰、规整的视觉效果，提升内容的可读性。因此，根据网格的既定结构进行版面元素的编排是非常有必要的，除了能够使各内容合理地呈现于页面之上外，还能够有效加强版面内容间的关联性，便于人们对内容进行阅读。在右图所示的图片中，双栏对称的网格加强了版面的前后联系。

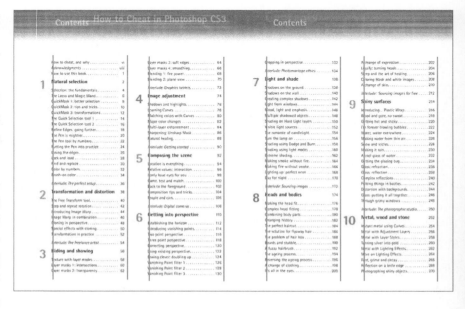

3.3

网格在版式设计中的应用具有多种不同的形式，有利于让设计师在有效的时间内完成版面的编排。

网格的应用

网格从建立到实际运用，是版式设计的前期过程，是为了便于版面的编排，不仅能够增强页面的条理性和秩序感，还能有效提升设计效率。由此可知，对于版式设计而言，构建出良好的网格骨架是非常重要的。如果设计师能够根据不同的页面内容选择合适的网格形式，就能很好地提高效率，使版式设计获得快速成功。

3.3.1　网格的建立

一套良好的网格结构可以帮助设计师明确设计风格，排除设计中随意编排的可能，使版面统一规整。设计师可以利用两者的不同风格编排出灵活性较大、协调统一的版面构成设计。

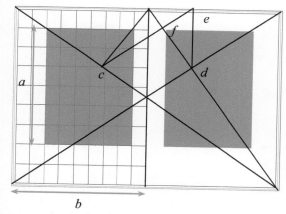

2. 运用单元格

运用单元格创建网格是另一种建立网格的方式。它是指在分割页面时采用8:13的黄金比例，即裴波那契数列比例关系。如右图所示，版面由30×45的单元格构成，外边缘有8个单元格的留白，有5个单元格的留白在内边缘处，而底部则为13个单元格的留白，以此来决定正文区域的大小，使版面宽度与高度达到视觉上的连贯和谐。

1. 根据比例关系

在版式设计中，网格的建立可以利用版面中构成元素的比例关系。左图所举的实例为德国字体设计师简安·特科尔德（Jan Tschichdd，1902—1974）设计的经典网格版式，整张纸的长宽比为2:3。蓝色高度 a 与页面宽度 b 是相同，顶部和装订线周围的留白为版面的1/9，整页的两条对角线与单页对角线相交形成 c 和 d 两点，过 d 向顶部页边做垂线形成交点 e，连接 c、e 两点与单页对角线相交形成的点 f 是整个正文版面的一个定位点。

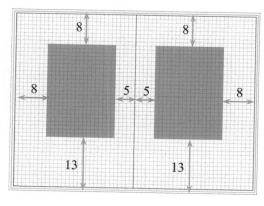

3.3.2　网格的编排

在版式设计中，对于图片与文字的编排常常会采用网格的形式。设计师运用网格的不同组合形式，能够让人们产生不一样的视觉及心理感受。构成合理的页面表现形式，能够呈现出流畅有序的版面效果，以期给读者留下深刻的印象。

从本质上讲，文字与图片是构成版面表现形式的基本元素，充分利用网格的形式对图文进行编排是十分重要的。而网格存在多种编排形式，其中以多语言网格编排、说明式网格编排和数量信息网格编排这 3 种为主。无论运用哪种网格编排形式，最终目的都是为了更为合理、有效地编排版面信息。左图所示为多语言网格编排。

由上可知，在版式设计过程中，对于图片与文字的编排是最为基础和关键的。而网格的编排又是版式设计的根本所在，不同的网格编排形式给设计师提供了很大的发挥空间，既能使版面呈现出各种各样的结构形式，又能保证版面的统一性和整体感。右图所示为说明式网格编排。

3.4

网格的结构形式主要有对称和非对称两种,而网格又分为栏状网格和单元格。

通过版面内容设置网格结构

不同风格的网格结构表现出的形式特点各有差异,同时还能衍生出无数的自由形式,但无论什么样式的网格都是为了使设计风格更为连贯,保持内容间的紧密联系,提升版面的可读性。网格作为版式设计关键的基础工具,为文字和图片的编排提供了准确的版面结构,使页面形式更为灵活多变,且又有着秩序感及条理性。右图所示为非对称多栏式网格结构。

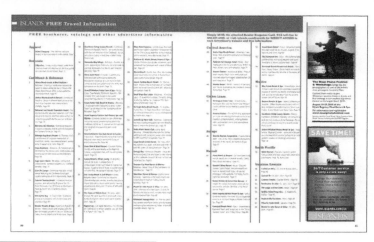

法则1 利用对称式网格打造均衡的版面结构

对称式网格是指版面中左右两个页面的编排结构形式完全相同,并且有着相同的内、外页边距。对称式网格,是根据版面的比例所创建的,能够有效地平衡左右版面,通常分为对称式栏状网格和对称式单元格。

1. 对称式栏状网格

所谓单栏式对称网格,是指将连续页面中左右两部分的印刷文字进行一栏式的排放。单栏式对称网格的排列形式使版面显得简洁、单纯,一通到底的版面效果直观而务实,因此多被用于说明性文字书籍的编排。

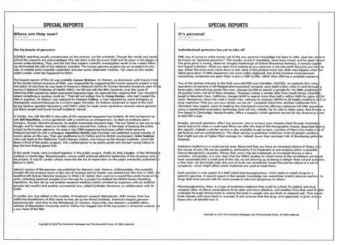

双栏式对称网格多被用于杂志页面中，适合信息文字较多的版面，能使版面具有较强的活跃性，同时让页面显得更为饱满，避免文字过多而造成的视觉混乱。采用双栏式对称网格进行版面的编排设计，可以让版面结构显得更为规则整齐。

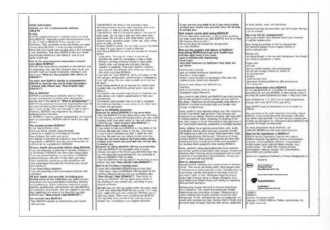

图片解析

❶版面的编排设计依据了双栏式对称网格的结构形式，使纯文字的版面显得规则而整齐，给人以均衡、平稳之感。

❷段落中少量的留白设计，有效地减缓了文字过多所产生的视觉疲劳感，且使内容间的条理性更为分明。

多栏式对称网格是指 3 栏及以上更多栏编排的网格形式。根据不同版面的需要，可以将网格设计成需要的样式，具体栏数依据实际情况而定。多栏式对称网格适用于编排一些有相关性的段落文字和表格形式的文字，它能够使版面呈现出丰富多样的效果。而无论采用哪种形式的栏式对称网格，都能使版面表现出更为良好的秩序感及平衡感，让人们在阅读时更为流畅。

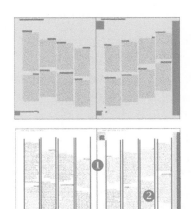

图片解析

❶多栏式对称网格的编排设计使版面显得丰富而饱满，体现出版式设计的灵活性和平衡感。

❷段组形式的字体编排设计使不同文字信息间的条理更为分明，呈现出规整、利落的版面效果。

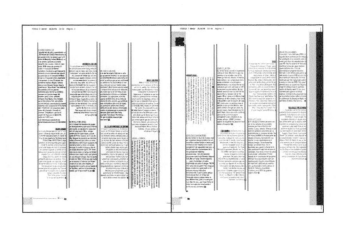

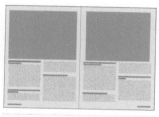

2. 对称式单元格

对称式单元格网格的运用要求将版面划分成一定数量大小相等的单元格，然后再根据版面的需要进行图片与文字的编排组合，使页面呈现出较强的规律性，并且有效地丰富了版面形式，提升了内容的可读性。

┌─── 图片解析 ───┐

❶对称式单元格网格的运用使左右页面显得均衡而统一，给人们带来平稳、清晰的视觉体验。

❷将文字与图片组合在一起进行编排设计，有助于提升内容的生动性，使图片与文字之间相互补充，给人们留下更为深刻的印象。

通过对称式单元格网格的运用，能够使版面产生规律、整洁的视觉效果。对称式单元格的大小及间距可以自由调整，有效地体现出版式设计的灵活性，既使网格结构具有多变的形式，同时又保证了页面的空间感和秩序感。

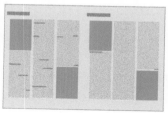

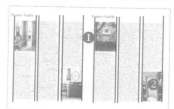

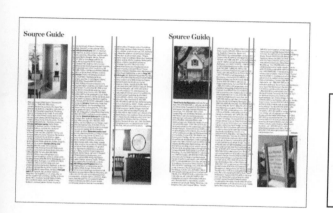

┌─── 图片解析 ───┐

❶采用对称式单元格网格进行编排设计，能够使左右页面间保持紧密的联系，具有统一的视觉呈现特征，便于人们进行阅读。

❷对角线对称的版面效果，使页面产生一定的动感韵律，同时使首尾形成相互呼应之势。

法则2　利用非对称式网格吸引眼球

非对称式网格这一概念的产生，是相对于对称式网格而言的。因此，非对称式网格即是指左右版面之间具有不同的结构样式，使过于严谨的版面变得灵活、充满创新的一种形式，可以根据不同的版面需要随时进行网格大小及比例的调整变化，以增强版面的表现力，从而有效地吸引人们的眼球。

1．非对称式栏状网格

非对称式栏状网格通常是指在版式设计的编排中，左右页面有着基本相同的网格栏数，但页面中的信息安排却呈现出非对称的状态，相关各元素的编排更为灵活多变。因此，相对于对称式栏状网格而言，非对称式栏状网格的编排形式更为丰富，能够使版面表现出更为活跃的效果。

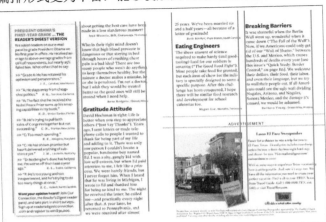

图片解析

❶非对称式栏状网格的运用使版面的呈现效果变得更为活跃。

❷图片的编排运用有效地缓解了版面的枯燥感，为信息内容增加了生动性。

在进行版式的编排设计时，特别是对于书籍和杂志的编排而言，通常会在书页中加入一些非对称式栏状网格的页面，使其结构形式变得更为活跃。在具体的编排过程中，会根据版面的不同需要在左右多栏状网格的形式上进行文字的比例调整，使相连的两个页面产生一定的变化效果。

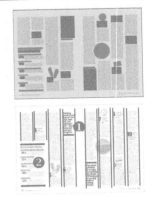

图片解析

❶非对称的多栏式网格形式将过多的语言文字进行了有效划分，使其具有一定的灵活多样性，增加了版面的活跃感。

❷彩色字体的运用提升了版面的整体印象，同时又能将信息与正文内容进行有效区分，形成鲜明的层次关系。

2. 非对称式单元格

非对称式单元格形式的网格结构属于比较基础的常用网格形式，其编排组合较为简洁、单纯，通常是指将版面中的左右页面划分成不同大小的单元格形式，使其呈现出强烈的不对称状态。通过非对称式单元格网格的页面构成，可以有效地赋予版面更多的灵活和生气，以对比变化的动感形式积极吸引人们的关注。

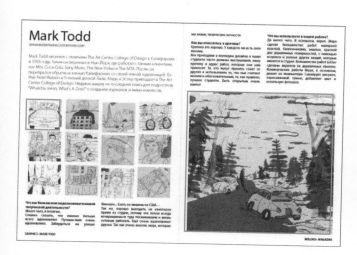

图片解析

❶通过非对称式单元格在版式中的编排应用，既有利于编排版面中较多的图片与文字，同时又能体现版面的层次关系。

❷方框形式的版面编排设计使页面中的信息内容更为规则整齐地呈现于版面之上，有利于人们进行阅读。

非对称式单元格网格常被应用于图片量和信息量都较多的页面编排中，根据不同的版面需要，将图片和文字随意编排于一个或多个单元格之中，产生不对称的左右页面效果。这样既简化了版面结构，又使整个版面表现出较高的自由性，更为生动有趣地体现了版式设计的多样性，营造出独特的版面效果。

图片解析

❶版面的编排设计运用了非对称式单元格的网格编排形式，有效地提升了版面的活跃度，体现出版式设计的多样性。

❷页面中使用了大量的摄影型图片，能够使内容的表述更具真实性，增强了人们对信息内容的信赖感。

法则3 利用基线式网格赢得简约美观的版面风格

基线式网格通常在实际页面中是不可见的，然而它却是版式设计的基础。基线式网格作为架构设计的平面基础，其作用就好比是人们建房时的脚手架，是不可或缺的。基线式网格为版面要素的编排提供了一个基准，有助于信息的准确表达。

在版面的编排设计中，基线式网格不仅是辅助对齐版面元素的基础线，偶尔还能作为版面的其中一种构成元素，直观地呈现于页面之上，这样显露的基线式网格常被用来强化正文内容，使其具有更明显的吸引力。所以，用显露的基线式网格来表现正文内容，有利于文字的醒目呈现，进而突出内容信息。而且，水平的直线样式还能起到引导读者视线的辅助作用。

图片解析
❶显露的基线式网格有效地强化了版面中的正文内容，提升了文字的可读性。
❷图文结合的排列形式使页面显得更为饱满丰富，增强了版面的表现力。

交叉对齐的基线式网格是指将不同字号或层级的字体对齐同一网格，使各层级的字体之间相互关联。这种对齐方式有利于加强页面元素间的联系，能够体现出严密的整体感。应用交叉对齐的基线式网格可以使页面字体的编排变得非常灵活，同时又能产生相互关联的作用，因此，它既是字体的编排线，又是字体的对齐线。

图片解析
❶交叉对齐的基线式网格使版面中各层级的内容紧密地联系起来，表现出和谐统一的整体版面风格。
❷字体和字号间的差异设计，将版面内容进行了有效区分，使其呈现出鲜明的主次关系，有利于版面层次感的表现。

法则4　借用成角式网格营造理想的版面布局

　　成角式网格也是版面设计中经常被运用的一种结构形式，只是成角式网格的设置较之前面的几种网格形式更为复杂。成角式网格的角度可以被设置成任何数值，但要注意保持页面的整体美观度及可读性，在表现创意的同时能够有效地传递相关信息。

　　在设计成角式网格的角度时，需要考虑多方面的相关因素，例如图片的大小比例、字体的编排设计和人们的阅读习惯等。只有合理地安排成角式网格的角度，才能起到积极的表现作用。根据版面的阅读性特征进行成角式网格设计，使版面结构在最大限度上与阅读习惯相统一，从而有利于人们对信息的关注。

──── 图片解析 ────
❶有彩色在字体设计中的运用使主体文字在版面中显得醒目而突出，有效地吸引了人们的视线，给人以鲜明的视觉刺激。
❷成角式的网格结构使版面充满创意，同时增强了信息的表现力。

　　成角式网格在通常情况下只会选择两个角度进行倾斜，以避免造成版面的过于混乱，且不利于人们进行阅读。成角式网格在页面中的应用使版面效果更为灵活多样、错落有致，在体现其独特创意的同时又能清晰展现出版面的层次结构。

──── 图片解析 ────
❶成角式的网格编排有利于增强版面的动感韵律，使页面产生一定的节奏感和扩张力。
❷辅助图形的设计运用对于增强版面的表现力具有积极的作用，带有动势效果的图形造型有效地加强了版面的动感节奏。

综合案例解析

采用多种版面结构打造动感与激情的广告版面

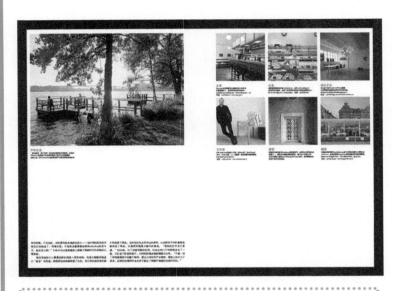

本章内容主要是让读者学习网格在版式设计中的技术法则，通过前面内容的讲解，能够帮助大家了解网格的作用，初步掌握网格在具体设计中的运用。因此，结合本章所学的知识点，大家可以试着分析左图所列举的优秀作品属于哪种网格形式，具有什么样的特点。

❶ 不对称单元格

❷ 图文结合

❸ 留白设计

❹ 裱图框

❶ 不对称单元格

运用不对称式单元格网格形式，有效地增加了版面的灵活性，使其具有鲜明的层次关系。

❸ 留白设计

版面中的留白设计使页面显得疏密有致，为版面增加了呼吸感，体现出张弛有力的版面结构。

❷ 图文结合

图片与文字的结合编排，使图文之间相互补充说明，让信息内容的表达更为生动具体。

❹ 裱图框

裱图框的设计运用对于强调版面信息有着积极作用，有利于给人们留下深刻的版面印象。

第 4 章

版式中的形式法则

◆ 构成简洁版面的形式法则

◆ 使版面优美的六大法则

4.1 编排的形式法则不仅能帮助版面打造出简洁的画面效果，同时还能营造出别样的视觉氛围。

构成简洁版面的形式法则

在日常生活中，随时随地都在接触与版式相关的事物，这些事物可能是商品也可能是艺术品，无论是哪种属性的设计产物，都将为我们阐述商家或作者的情感主题。为了使人们更易于理解该主题信息，在创作版式时应结合相应的形式法则，通过编排使画面呈现出简洁的视觉效果，同时使画面在强调主题的同时也不失美感。

法则1 简化即是强化

简洁的版式利用其直观性的表现能力，以一针见血的方式向观赏者阐明主题信息。在编排设计中，为了达到简化版式的目的，可以删除版面中多余的视觉要素（包括图形、色彩和文字等），或直接采用既具备多重含义又富有简约感的几何图形组合。

将版面中各种视觉要素（图形、文字和色彩）在编排结构上做"减法"设计，通过删减画面中与主题并无太大关联的视觉要素来达到简化版式的目的，从而使版面的视觉表现力得到大幅度提升，同时还加强了版式结构的整体性。

──── 图片解析 ────

❶通过减少版面中的视觉要素，构建出一个结构简约的版式空间。

❷将图片进行放大，并通过有趣的图片内容来引起观赏者的注意。

图形是版式设计中最为常见的视觉要素之一，在进行编排设计时，可以根据版面的主题需要，将具有象征性的图形元素组合在一起，以构成具有直观表述力的版式效果，同时保持版面结构的简洁性。

图片解析

❶运用简单的图形组合，将以芭蕾舞与黑天鹅为主题的版面信息表述得十分到位。

❷通过扩大字母间的排列间隙，使版面呈现出松弛有度的视觉效果。

法则2 保持版面的单纯性

所谓单纯性，是指版式中的编排结构要做到简明扼要。在实际的设计过程中，还可以适当地为版面应用一些简练的表现手法，以此加强版面中对整体感的塑造。单纯是提炼画面表现力最基本的要素，通过版式结构的单纯性，能使版面传递主题的整个过程变得有条不紊。

在编排设计中，可以合理地运用配色、编排等手段来区分画面中的主次关系，利用鲜明的视觉对比来突出主体物在空间中的存在感，从而创作出具有单纯表现力的版式结构。

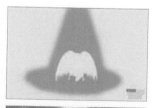

图片解析

❶通过光束效果使主体物变得格外突出，借助该视觉效果来明确版面的主次关系。

❷将背景的明度进行大幅度的降低，从而突出画面中主体物的视觉形象。

法则3 使用规则的图形样式

图形主要由点、线、面组成，在视觉传达上具有直观性与针对性。在版式设计中，常运用规则的图形样式来表述主题思想，比如几何图形，或者带有简笔画色彩的图形样式等，通过简单明了的图形语言来强调画面的重点信息。

对图形的结构做简化处理，将多余的部分进行删减，以此创作出既简洁又不失表现意义的规则图形。该类图形的特征在于它具有简笔画式的效果。将该类图形运用到版式设计中，通过象征性的图形语言，不仅能直观地表现主题信息，同时简单、稚嫩的图形结构还能给观赏者留下好的印象。

图片解析

❶将简笔画式的太阳图形融入到编排设计中，利用简洁的图形效果直观地表现出版面的主题信息。

❷设计者通过减少版面中的视觉要素来构建极具简约感的版式结构。

在版式设计中，几何类图形也是我们常见的一种图形样式。由于几何图形本身就具备规整的结构与形状，因此当这类图形被应用到版式中时，将有利于打造出简约的版式效果。

图片解析

❶通过矩形、圆形等结构规整的几何图形，构造出具有简洁感的版式空间。

❷设计者运用单一的色彩来搭配几何图形，以求提升版面结构的精简性。

法则4 空白空间的合理利用

在平面设计中，许多版面都存有大量的空白空间，设计者们常将具有重要意义的视觉要素摆放在这些空间中。这样做的目的在于，一方面利用空旷的背景来强调该要素的视觉形象，以引起观赏者的注意，另一方面则是维持版面布局的平衡，从而提升画面的美感。

在空白空间中插入简短的文字段落，利用周围干净的环境来突出该段文字，以此构成版面的视觉重心，同时引起观赏者的注意。通过该种编排手法，能有效地加强文字信息的表现力。

图片解析
❶将具有象征意义的心形图形摆放在空白空间中，以提高该元素的关注度。
❷利用上下视图在图形数量上的对比效果，打造出疏密有致的版式效果。

在编排设计中，还可以直接在空白空间中插入图形元素，构成图文并茂的表现形式。通过该种编排方式，将文字与图形以组合的形式展现在观赏者面前，帮助他们理解版式的主题信息。

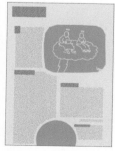

图片解析
❶将插画摆放在空白空间中，通过直观的图形语言来帮助观赏者理解文字信息。
❷将说明文字放置在有底色的几何图形中，从视觉上突出该段文字的重要性。

4.2

进行编排的目的在于传达画面主题与美化版面结构,同时激发观赏者的感知兴趣。

使版面优美的六大原则

编排的形式法则是创造画面美感的主要途径,根据主题的不同,所选择的表现法则也是存在差异的。在版式设计中,最常见的形式法则有 6 种,它们都各自拥有完整的概念与体系。在进行创作时,可根据主题的需要选择相应的表现法则,通过在版面中熟练应用对比、节奏和调和等表现法则来增添画面的美感。

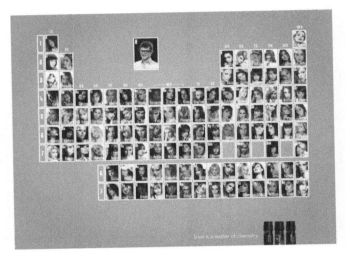

法则1　对称与均衡

对称与均衡是一对有着潜在联系的表现法则,它们在具体的布局与结构上有着微妙的差异,比如对称法则要求设计对象在形态与结构上保持完全相同的状态,而均衡法则只要求设计对象维持在相对稳定的平衡状态。

1. 对称

对称法则是一种极具严谨性的形式法则,它的构图方式是,以一根无形的直线为参照物,将大小、长短等因素完全一样的物象摆放在参照线的两端,以此构成绝对对称的形式。对称法则含有多种表现形式,并且各具特色,如上下对称能带给人以平静的视觉感受。

---- 图片解析 ----

❶将上下对称的图形元素设置为画面的主体,从而赋予版面强烈的平静感。

❷设计者利用单纯的背景配色来突出主体物在版面中的视觉形象。

除上下对称外，对称法则还有一种形式，称为左右对称，即物象以垂直方向的直线为参照物，在该参照线的两端呈水平对称的效果。在版式设计中，左右对称的结构能使目标对象呈现出庄重、严肃的视觉效果，因此该类形式法则有利于塑造设计目标的视觉形象。

─── 图片解析 ───
❶以左右对称进行排列的图形元素，在视觉上为版面增添了几分庄重感。
❷设计者将文字信息与辅助图形排列在中轴线上，以增强版式的统一感。

2. 均衡

均衡法则的特征在于，通过对画面中视觉要素的合理摆放，来保证版式在结构上的稳定性与平衡性。在进行视觉要素的布局时，应着重考虑如何模糊各视觉要素间的主次关系，通过这种方式使文字、色彩和图形等信息都得到全面表现，以此构成均衡的版式效果。

─── 图片解析 ───
❶人物与背景元素以相同的方向进行排列，以此构建出相对均衡的版式空间。
❷以倾斜方式进行排列的视觉要素，在空间上带给观赏者以强烈的透视感。

在一些特定的情况下，均衡与对称法则的布局形式是十分相近的，不同的地方在于均衡讲究的是视觉心理上的平衡，而对称则着重心理与形式上的平衡。因此，相较于对称法则来讲，均衡法则在表现手法上更具有灵活性。

── 图片解析 ──

❶设计者将版面中的视觉要素进行了适度的调整，从而使画面在水平方向上呈现出具有灵活性的平衡对称。

❷通过为版面加入具有特殊视效的异影图形，来增添版式空间的趣味性。

3. 对称与均衡

对称与均衡是一对完整的统一体，因此它们是可以存在于同一个版面中的。在版式设计中，可以将对称与均衡两种法则融合在一起，从而打造出极具庄严感的版式效果。与此同时，借助均衡法则的表现手法来打破对称法则的呆板，可以使版式效果变得更为丰富多彩。

── 图片解析 ──

❶通过一个细节来打破呆板的镜像排列，并构建起具有变化感的均衡效果。

❷设计者将产品实物摆放在画面中，以帮助观赏者理解广告的创意。

法则2　对比与调和

对比与调和是版式设计中常见的形式法则，这两种法则在定义上是截然不同的，对比法则强调视觉冲击力，而调和法则则是以寻求和谐共生为主。为了创作出优秀的版式作品，应参照画面主题，同时结合设计对象的外形特征，来帮助我们判定与选择合适的表现法则。

1. 对比

对比法则是指将版面中的视觉要素进行强弱对照，并通过对照结果来突出版式主题的一种表现形式。在版式设计中，对做比较的目标对象是没有太多要求的，只要它们在形态或意义上具备明显的差异性，同时符合版面主题的需要即可。

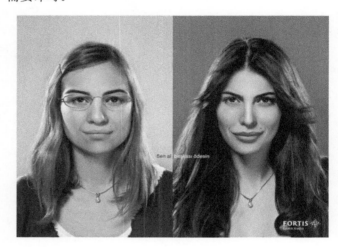

图片解析

❶运用两个人物在样貌上的巨大差异，打造出具有对比性的版式效果。

❷利用不同的打光效果与背景配色，来加强人物在外貌与气质上的对比性。

通过对物象进行对比，可以确立版式的主次关系，同时达到强化画面主题信息的目的。在实际的设计过程中，通常用做比较的因素都是与目标对象的外形特征有关，如物象的大小、粗细、长短和软硬等。

图片解析

❶运用文字在字号上存在的对比效果，起到丰富版式格局的作用。

❷设计者将版面配以统一的蓝色调，从而给观赏者以视觉上的宁静感。

2. 调和

在版式设计中，共有两种调和方式，一种是版面内容与结构的调和，简单来讲即要求编排形式与主题信息的统一性。通过这种调和方式来强调编排结构的表现力，从而打造出具有针对性的版式效果。

图片解析

❶将文字与图形以一一对应的形式组合在一起，从而达到调和版式的效果。

❷设计者通过适度的留白空间来打造具有舒适性的视觉环境。

另一种调和方式则是指版面中各视觉要素在空间关系上的协调性。通常情况下，将版面中的文字与图形以"捆绑"的形式进行组合排列，利用一一对应的编排结构打造出具有视觉平衡感的版式效果。

图片解析

❶设计者运用一图配一文的排列方式来打造具有调和感的版式效果。

❷将图形与文字进行散构式排列，以此突出版式结构的设计感。

3. 对比与调和

对比与调和在版式设计中互为因果关系，首先，通过物象间的对比使画面产生视觉冲突，从而吸引观赏者的视线。其次，再通过排列与组合上的调和，寻求要素间的共存感，来避免观赏者因过度的刺激而产生视觉疲劳。

图片解析
❶设计者运用规整的竖向排列来打造极具和谐感的版式效果。
❷通过人物与风景图片在视觉上的冲突感来丰富版式的编排结构。

法则3 节奏与韵律

音乐之所以能够打动人心，是因为它具有强烈的感染力，而形式法则中经常用到的节奏与韵律也是来自于音乐的概念。在版式设计中，节奏是指有规律性变化的排列方式，而韵律则是指均匀的版式结构。

1. 节奏

在日常生活中，除了音乐外，我们还能接触到许多有节奏感的事物，比如火车的声音、心跳的律动等，而版式的节奏法则也是来源于这些细节。在版式设计中，将视觉要素进行规则化的排列，利用布局上的强弱变化，使画面整体呈现出舒缓有致的节奏感。

图片解析
❶运用密集的图形排列来制造压抑的视觉空间，同时给观赏者留下深刻的印象。
❷结构简单的主体图形与背景画面在视觉上表现出疏密有致的节奏感。

在版式设计中，将视觉要素以渐变的方式进行排列，利用渐变构成在特定方向上的规律性变化，使画面产生强烈的运动感，同时从心理与视觉上带给观赏者以节奏感。此外，还可以通过对渐变的舒缓程度、朝向等因素的调控，使画面展现出不同的视觉效果。

—— 图片解析 ——
❶通过视觉要素在透视空间上的渐变效果，赋予版面以规律性的节奏感。
❷将主体物摆放在画面的中央，通过该类构图方式来加强该要素的视觉表现力。

2. 韵律

通过在版面中重复使用相同形态的视觉要素，可以使画面产生韵律感。重复的对象可以是某个简单的图形，也可以是某个动作，通过重复构成来强调版式的规律性。一方面使画面呈现出韵律感十足的艺术效果，另一方面则加强了版式对主题的塑造。

—— 图片解析 ——
❶将文字段落以波浪的形式进行排列，以从细节上增强版式结构中的韵律感。
❷利用厨师们重复的手部动作，打造出韵律感十足的版式空间。

在版式设计中，将相同的图形元素以特定的方式进行摆放，利用图形在比例、配色或朝向上的不同，使版面在视觉上产生强烈的对比，同时带给观赏者以错落有致的韵律感。

图片解析

❶将大小不同的图形组合在一起，通过图形间的聚散效果，赋予版面以韵律感。

❷利用图形间充满韵律感的排列方式，突出版面主体物的视觉形象。

3. 节奏与韵律

版式中的节奏与韵律，虽然都建立在以比例、疏密、重复和渐变为基础的规律形式上，但它们在表达上仍存在着本质区别。简单来讲就是，节奏是一种单调的重复，而韵律则是一种富有变化的重复。

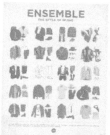

图片解析

❶将图形以规则的组合方式进行排列与布局，赋予版面以编排上的节奏感。

❷通过改变图形组合中的摆放顺序来打破规整的布局结构，使画面表现出富有变化的韵律感。

法则4 变化与统一

变化与统一是形式美的基本法则之一，它们在版式中发挥着不同性质的作用。前者的特色在于通过改变编排结构，赋予版式生命力；后者的特色在于利用规整的排列组合，以避免版式整体显得杂乱无章。

1. 变化

变化是一种创作力的具象表现，主要通过强调物象间的差异性来使版面产生冲击性。变化法则大致被分为两种，一是整体变化，二是局部变化。整体变化是指采用对比的排列方式，通过使版式形成视觉上的跳跃感，来突出画面的个性化效果。

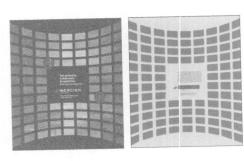

┌─── 图片解析 ───┐

❶利用图形在透视空间上渐变的排列方式，赋予版面整体以变化感。

❷将图形以中轴对称的方式进行排列，以此构成平衡的版式空间。

而局部变化则是以版面的细节区域为编排对象，在实际的设计过程中，利用局部与整体间的差异性，使版式结构发生变化，同时带给观赏者深刻的视觉印象。

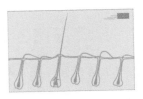

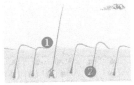

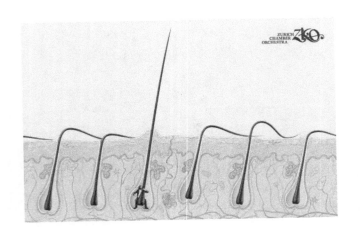

┌─── 图片解析 ───┐

❶利用局部图形在外形上的变化，打造出具有特异效果的版式结构。

❷设计者运用规整的图形排列，赋予版式结构以秩序性。

2.　统一

统一可以理解为版式中图形与文字在内容上的逻辑关联，以及图形外貌与版式整体在风格上要保持一致性。根据画面主题的需要，选择与之相对应的文字与图形，通过表现形式与主题内容的高度统一，使画面准确地传达出相关信息。

图片解析
- ❶ 画面中的图像要素均以化妆品为主，从而使版面达成表现内容上的一致性。
- ❷ 将图形元素施以散构式的排列方式，以增强版式结构的变化感。

3.　变化与统一

在版式设计中，变化与统一法则之间存在着对立的空间关系，可以利用变化法则来丰富版式的结构，以打破单调的格局，同时通过统一法则来巩固版面的主题内容，从而使版式在形式与内容上达到面面俱到的效果。

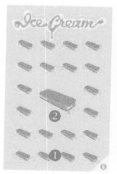

图片解析
- ❶ 将完全一样的图形要素以规整的形式进行排列，从而构成统一的版式结构。
- ❷ 利用中心处与周围相斥的图形元素来打破重复构成，以此加强版面中的变化感。

法则5 虚实与留白

虚实与留白是进行版式设计时所要遵守的形式法则之一。在版式设计中，恰当地使用留白与虚实法则，通过要素间真实与虚拟的对比效果来烘托主题，同时赋予版面以层次感。

1. 虚实

简单来讲，版式中的虚实关系就是指视觉要素间模糊与清晰的区别。在进行版式编排的过程中，刻意地将与主题无直接联系的要素进行虚化处理，使其达到模糊的视觉效果。与此同时，将主体物进行实体化处理，从而与虚拟的部分形成鲜明的视觉对比。

图片解析
❶通过由粗略到细致的描绘手法，在画面中形成虚实共生的版式结构。
❷设计者运用铅笔稿中细腻的无彩色关系，营造出极具简洁感的视觉氛围。

"虚"是指版面中的辅助元素，比如虚化的图形、文字或色彩，它们存在的意义在于衬托主体物；"实"是指版面中的主体元素，如那些给人以真实感的视觉要素。在版式中，"虚"与"实"是相辅相成的，可以利用它们的这种关系来渲染版式氛围，从而突出画面的重点。

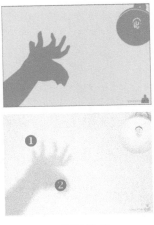

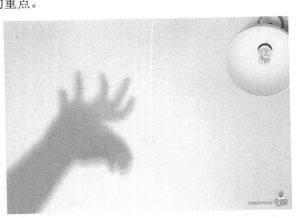

图片解析
❶将影子与实体物组合在一起，从而打造出具有虚实感的版式效果。
❷通过在版面中加入"手影"元素，来增添版面的创意性。

2. 留白

留白法则分为两种，一种是大面积留白，另一种是小面积留白，两者在表现形式与视觉效果上都存在着差异性。所谓大面积留白，是指版式中的留白部分在空间中所占的比例大于其他视觉要素（比如文字、图形等），利用该表现手法来打造空旷的背景画面，不仅为观赏者提供了舒适的浏览环境，同时还使版式整体显得格外大气。

图片解析

❶将版面中的文字与图形以中轴对齐的方式进行排列，使视觉要素得到集中表现。

❷通过大量的留白空间来增强视觉的流动性，并为观赏者提供一个相对舒适的浏览氛围。

而小面积的留白则是指留白空间在版面中所占的面积比其他视觉要素要小很多，从而构成一个相对拥挤、热闹的版式结构。如此一来，不仅加强了版式的表现力，同时带给观赏者以紧张、热闹的视觉印象。

图片解析

❶利用小面积的留白处理，使版面呈现出局促、紧张的视觉效果，同时加强了版面对主体元素的表述能力。

❷版面中采用了大量的虚构人物，使整个画面充满了奇幻色彩。

---

3. 虚实与留白

虚实与留白在形式上有着一定的关联性。在版式设计中，空白的部分也可以被看作版式的虚空间，因此虚拟与留白两种形式法则也经常以共存的方式出现在同一个版面中。设计者通过将两者组合在一起，可以表现出虚实并进的画面效果。

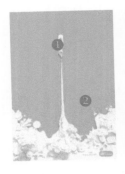

──── 图片解析 ────
❶复杂的图形组合与单一的主体物在视觉上形成虚实并进的空间结构。
❷对空间进行大量的留白，结合图形的编排结构，使画面产生向上的视觉引力。

法则6 秩序与单纯

在版式设计中，秩序与单纯是一对概念相近的形式法则，它们的相同点在于，都是利用极具条理性的布局结构来阐明版面主题。当然秩序与单纯也存在着差异性，如前者以版式结构的严谨感为排列原则，而后者讲究的是画面整体的视觉氛围。

1. 秩序

在版式设计中，将画面中的视觉要素按照规定的方式进行排列，从而打造出具有完整性与秩序性的版式效果。该形式法则不仅具备严谨的编排结构，此外，其规律化的排列形式还能使版面表现具有针对性。

──── 图片解析 ────
❶将主体物在水平与垂直方向上均以重复的形式进行排列，以赋予版面强烈的秩序感。
❷设计者利用单一的配色关系来加强图形与编排结构在视觉上的表现力。

2. 单纯

在平面构成中，单纯具有两层含义，一是指视觉要素的简练感，二是指编排结构的简约性。综上所述，单纯即是简化物象的结构，从而增强该物象在视觉上的表现力。采用单纯的版式结构，不仅有利于人们理解版面的主题信息，同时还能加强观赏者的记忆力。

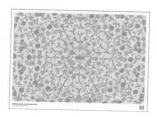

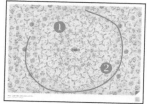

— 图片解析 —

❶将简单的图形进行重复排列，从而凸显出版式结构的单纯感。

❷利用环状的排列方式使空间产生向内的视觉牵引力，并以此构成单向视觉流程。

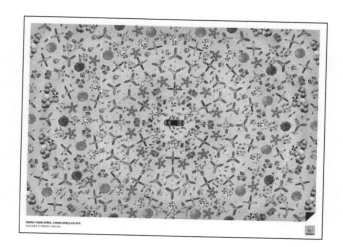

3. 秩序与单纯

在版式设计中，秩序是指有规律的排列方式，而单纯则是画面整体所呈现出来的一种简洁感。将秩序与单纯进行有机组合，通过单纯的要素结构与井井有条的编排组织，能够加强版式的表现力，同时带给观赏者视觉上的冲击感。

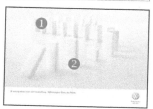

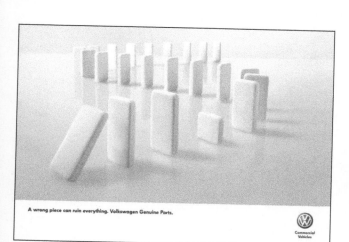

A wrong piece can ruin everything. Volkswagen Genuine Parts.

— 图片解析 —

❶运用充满秩序感的排列方式，打造出具有单纯表现力的版式结构。

❷利用单一的配色关系来达到简化版式结构的效果。

综合案例解析

利用疏密型编排手法赋予版面形式美

通过学习本章内容，相信大家已对版式设计中的形式法则有了一定的认知与了解，接下来将通过例图的方式，对版面中的编排手法进行一一分析，希望大家在鉴赏中学会融会贯通，并提高自身的设计水准。

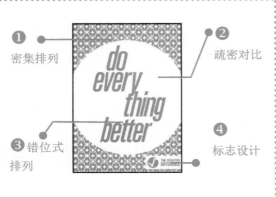

❶ 密集排列
❷ 疏密对比
❸ 错位式排列
❹ 标志设计

❶ 密集排列

将版面中的小面积图形以高度密集的形式进行排列，以此打造出拥挤、局促的视觉效果。

❷ 疏密对比

通过留白空间与密集图形在版式结构上形成的疏密对比，使版面表现出显著的节奏感。

❸ 错位式排列

将版面中的文字进行错位排列，以增强版式的变化性，同时借助疏密型排列结构，突出了文字的视觉形象。

❹ 标志设计

将标志摆放在视图的右下方，起到点缀版式的作用。此外，简约的标志图形可以帮助设计对象树立起准确的视觉形象。

第5章

注意文字在版式中的编排法则

- ◆ 借助文字的排列方式统整版面信息
- ◆ 文字编排的设计原则
- ◆ 让文字表现出十足的个性
- ◆ 文字的跳跃率

5.1

文字不仅能为观赏者提供准确的主题信息，经过一定的排列与组合，还能起到美化版式的作用。

借助文字的排列方式统整版面信息

在版式的编排过程中，文字是最为重要的视觉要素之一。对于版式设计来讲，文字有着其他要素无法比拟的功效，如我们运用说明文字来对主题进行阐述与解析，利用字体设计来打造个性化的版式效果，以及通过对文字段落的编排来调控版面整体的风格倾向等。

根据主题需要，合理地运用文字类元素，以打造出具有个人特色的版式效果。

法则1　使文字段落左右均齐

在版式设计中，左右均齐的排列方式是指在文字段落的每一行中从左到右的长度是完全相等的。当使用左右均齐的编排手法时，段落最终排列的形状往往是非常规整的，也正是由于这项特征，使得画面表现出规范有度的效果。

当处理文字信息较多的版面时，就可以考虑使用左右均齐的文字排列方式。将大量文字以该方式排列在版面中，利用规整的布局样式使画面整体显得平静舒缓。通过左右均齐的排列方式来减轻大篇幅文字带来的心理压抑，从而增强观赏者对版面的感知兴趣。

图片解析

❶将正文以左右均齐的方式进行排版，使版面表现出整齐、干净的视觉效果。

❷将图形元素进行剪切与错位拼贴，从而打造出极具创意感的图形设计效果。

当版面中的文字量处于较少的状态时，同样可以将它们以左右均齐的方式进行排列，通过该种方式可以使文字段落呈现出端正的编排结构，从而增强了版面局部的严谨性，同时使版式整体呈现出自然、和谐的一面。

图片解析

❶将简短的标语文字以左右均齐的方式进行排列，从局部来衬托版式的严谨感。

❷为图像中的人物视线预留版面，使画面表现出强烈的空间感。

法则 2　将文字进行齐左/齐右对齐

版式中文字的齐左、齐右排列并不难理解，从字面上理解，它的意思就是文字以整体靠左或靠右对齐的方式进行排列。对于不同的设计题材，以及针对不同的图形要素，齐左与齐右的文字排列在视觉上带来的感受也存在着明显的差异性。

1. 齐左

所谓文字的齐左排列，是指将每段文字的首行与尾行进行左对齐，与此同时，右侧则呈现出错位的效果。该类排列方式在结构上与人们的阅读习惯相符，因而能使观赏者在浏览时感受到轻松与自然。

图片解析

❶为标题文字加入图形元素，从而突出该段文字在版面中的重要性。

❷将版面中的正文排列成齐左的样式，以此打造出舒适的阅读空间。

2．齐右

所谓齐右排列，是指将每段文字首行与尾行的右侧进行对齐排列，而左侧则呈现出参差不齐的状态。齐右与齐左是两组完全对立的排列方式，而且它们在结构与形式上都各具特色。由于齐右排列有违人们的阅读习惯，因此该类排列在视觉上总会带给人以不顺遂的印象，但同时也为版面增添了几分新颖的效果。

── 图片解析 ──
❶将简短的说明文字以齐右的方式进行排列，打造出独特的版式印象。
❷运用经典的电影场景来唤起观赏者内心的共鸣感，从而加深他们对版面的记忆。

法则3　文字居中对齐

所谓居中对齐，是指版面中的文字要素以画面的中心线为参照物，将段落与画面的中心进行重合式排列。居中对齐拥有简洁的排列结构，因此它也是版式设计中较常见的一种文字编排手法，尤其是在书籍目录、宣传海报和商业广告等方面有着极其频繁的使用率。

在版式设计中，将文字以居中对齐的方式进行排列，使观赏者的视线集中在版面的中间，从而引发观赏者的感知兴趣。另外，该类排列的左右两端同时呈现出相对称的状态，这就赋予了该版式结构以强烈的节奏感。

── 图片解析 ──
❶设计者运用文字在排列上的居中对齐，来加强该段文字在版面中的注目度。
❷版面中的文字分别被配以不同的字号，运用这种变化效果来提高画面整体的跳跃感。

在进行文字的居中排列时，也可以将版面中其他的视觉要素纳入到文字段落的阵列中，比如将版面中的图形与文字均以居中的方式进行排列，通过这种方式来统一画面的版式结构，并使版式表现出强烈的和谐感。

图片解析

❶将画面中的图形与文字均以中轴对齐的方式进行排列，通过图形与文字间的排列组合，使版式结构呈现出高度的统一感。

❷利用上疏下密的文字排列结构，使版面形成由上往下的单向视觉流程。

法则4　将段落首字突出

在版式设计中，可以通过突出段落首写文字来强调该段文字在版面中的重要性，同时吸引观赏者的视线，从而完成信息的传达。在实际的设计过程中，通常以艺术加工的方式来突出首字的视觉形象，如通过配色关系、外形特征和大小比例等。

标题的首字突出，从视觉意义上讲它能加强该段文字的视觉凝聚力，由于标题本身就是版面中最为醒目的视觉要素之一，将该段文字的首写文字进行强化处理，能使版面整体的注目度得到大大提高，并引发观赏者的感知兴趣。

 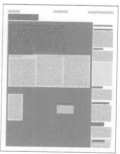

图片解析

❶将标题的首写字母进行放大处理，使其有效地吸引读者的注意。

❷规整的文字排列结构，从正面衬托出该书刊在编排设计上的严谨性。

在信息量较多的版面中，为避免文字数量过多而降低版式结构的整体性，通常会选用字号较小的文字。由于字号普遍较小，致使版面呈现出密密麻麻的效果，此时可以采用段落首字突出的方式来点亮整个版式，同时将观赏者的视线牵引到该段文字上。

图片解析

❶将正文的首写字母进行放大处理，以强调该段文字在版面中的独特性，通过这种表现手法来提高文字信息的传达效率。

❷将人物图形摆放在视图的中央，帮助读者快速认识该刊物的主题信息。

法则 5　文字绕图

简单来说，文字绕图是指版面中的文字与图形以互动的方式进行排列组合，通过该类编排方式将文字与图形两者在视觉上融为一个整体，使画面整体在形式与结构上都变得更加和谐统一。

报刊、杂志和网页等元素在版面中含有大量的文字信息，在这类素材中运用图文绕字的排列方式，可提升版面整体的趣味性，不仅能有效地减轻文字版面所带来的枯燥感，同时还能加强图形与文字的视觉表现力。

图片解析

❶利用图形绕字的编排方式来增强版面中图形与文字之间的互动感。

❷设计者将具有生动形象的人物元素摆放在版面中央，以激发观赏者对版面的兴趣。

在进行文字绕图编排时，应考虑编排形式与版面主题是否相符，以免错误的文字排列影响整个版面的情感表述，从而传递给观赏者一个不准确的信息，或是破坏他们的感知兴趣。

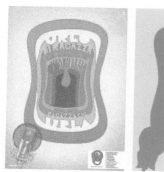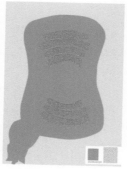

图片解析
❶根据版面的主题要求，将文字以渐变的形式排列在图形上，以此构成具有空间延伸感的透视效果，同时使版面的注目度得到提高。
❷将设计对象的标志与文字解释放置在版面中，以帮助观赏者理解其主题内容。

法则6　将文字进行齐上对齐

将文字以竖直的走向进行排列，与此同时，还要确保每段的首个文字在水平线上对齐。通过该种排列手法，可以打造出文字的齐上对齐效果。

在我国的古代文献中，大多数的文字都是以齐上的方式进行排列的，但到了今天，这样的编排方式已经非常少见了。因此，当将齐上式的文字排列运用到版式设计中时，就会使版面呈现出与时代不符的视觉氛围，从而带给观赏者一种独特的版式印象。

图片解析
❶设计者通过充满民族色彩的书法字体来强调版面的主题思想。
❷将文字施以齐上对齐的排列方式，从形式上迎合以中国风为表现对象的版式主题。

5.2

学习文字的设计原则，能帮助我们进一步提高文字信息的可读性，并增强版面的宣传效力。

文字编排的设计原则

在版式设计中，文字是版面进行信息传播的主要枢纽，通过文字阐述能够帮助观赏者理解画面的主题。除此以外，文字的编排样式还能影响画面整体的视觉氛围，合理的文字编排能增强画面的可读性和美观性。因此，为了设计出更好的版式作品，应当遵循以下 3 项基本原则，它们分别是准确性、识别性和易读性。

法则1　文字编排的准确性

版式中的文字设计，其准确性主要体现在两个方面，一是字面意思与中心主题的吻合，只有当阐述的内容与主题吻合时才能达到传播信息的目的；二是文字排列与版面整体的风格要搭调，简单来讲，就是文字的编排设计要迎合版面中的图形及配色。

对于一则平面设计来讲，文字主要起到说明主题信息的作用，观赏者也是通过文字来加深对该主题的印象的。因此，文字内容的准确性是进行文字编排时所必须遵守的一项基本原则。

─── 图片解析 ───
❶将书本与文学名人结合在一起，通过该图形来准确地塑造该机构的形象。
❷将标题文字设定为大号字体，以方便读者通过该段文字来了解版面的主题信息。

在进行文字的编排设计时，为了使文字段落能准确地反映版面的主题思想，还应要求文字的编排样式与画面整体在设计风格上要有连贯性。通过遵守该编排原则，赋予版面以和谐的视觉效果。

图片解析

❶利用精简的说明方式，将版面的主题内容阐述得精准到位，从而提高文字的表述力。

❷将图形与文字以紧凑的方式排列在一起，使版式结构在视觉上显得格外饱满。

法则2　文字编排的识别性

为了赋予文字以强烈的识别性，通常设计者会根据版式主题的需要，对文字本身及排列方式进行艺术化处理，利用这种手段来提升文字段落在版面中的视觉形象，从而吸引观赏者的视线，促使他们对版面整体留下深刻的印象。

通过对文字的结构与笔画进行艺术化处理，使文字表现出个性的视觉效果。常见的处理方法有拉伸文字的长度、将文字进行扭曲化表现等。在版式设计中，利用奇特的文字设计来冲击观赏者的视觉神经，从而提高文字与版面的辨识度。

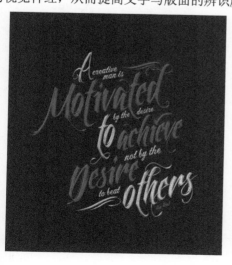

图片解析

❶设计者对字母的笔画与结构进行了拉伸处理，以此打造出具有独特魅力的字体效果。

❷利用字体与背景在配色上的对比关系，使字体在版面中显得格外醒目。

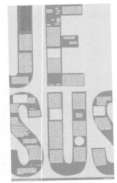

其次，对文字排列进行设计与改造，同样能提高文字段落在版面中的识别性。在文字的编排设计中，将文字段落以独特的方式进行排列，以打破常规的版式布局，从而带给观赏者以新颖感。

— 图片解析 —

❶将文字与图片编排到字母中，以此打造出具有独特设计感的版式效果。

❷利用空旷的背景画面，使版式中英文字母的形象得到突出与强调。

法则3　文字编排的易读性

在文字的编排设计中，应确保字体结构的清晰度，以便观赏者在进行浏览时能轻易地识别版面中的文字信息。除去字体的形态外，能够影响文字易读性的因素主要有 3 个，它们分别是文字的字号、字间距和行间距。

1. 字号

字号也称号数制，简单来讲，就是指文字的大小。字号越大，文字就会显得越大，文字的清晰度与易读性就会得到同步提高；相反，字号越小，文字就会变得越小，文字的辨识度与易读性也会相对降低。通常情况下，应根据版面的主题需要来决定文字的大小。

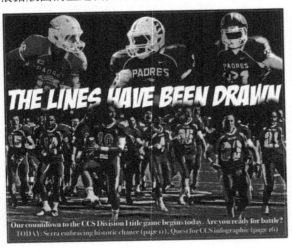

— 图片解析 —

❶设计者采用偏大的文字字号，利用清晰的字号大小增强文字的易读性。

❷通过文字上下方疏密有致的图形结构，赋予版面以视觉上的节奏感。

2．字间距

字间距是指段落中单个文字之间的距离，通过控制该距离的大小，使画面表现出舒缓或紧凑的视觉格调。在文字的编排设计中，为了凸显文字的易读性，通常会在文字过多的版面中采用大比例的字间距，而在文字较少的版面中选用小比例的字间距。

图片解析

❶设计者将标题图片放置在版面的上方，并扩大该图片的篇幅，以求吸引观赏者的注意。
❷将标题文字施以适当的字间距，使其呈现出相对平缓的视觉效果，在提高文字易读性的同时也方便读者对其进行阅读。

3．行间距

行间距是指版面中行与行之间的文字距离。行间距的宽窄是版式中较难操控的数值之一，这是因为当行间距过窄时，会使邻近的文字在布局上干扰对方，甚至影响主题的传达效力；当行间距过宽时，会造成文字行列间的距离感，并破坏文字段落的整体性。因此，掌握行间距的设置规律，将有助于创作出更加优秀的版式作品。

图片解析

❶利用适度的行间距来减缓观赏者的阅读速度，从而延长了观赏者对版面的感知时间。
❷利用姿态鲜明的人物元素来提升版面的活跃性，带给观赏者深刻的视觉印象。

法则4 文字编排的艺术性

所谓艺术性，是指在进行文字编排时，应将美化目标对象的样式作为进行设计的原则。在版式设计中，可以通过夸张、比喻等表现手法来赋予单个字体或整段文字以艺术化的视觉效果，同时打破呆板的版式结构，从而加深观赏者对画面信息的印象。

在版式的文字设计中，将个别文字进行艺术化处理，使版面局部的表现力得到加强，同时让观赏者感到眼前一亮，并对该段信息产生强烈的感知兴趣。通过这种表现手法，使局部文字的可读性得到巩固，从而进一步提高整体信息的传播效率。

图片解析

❶将以人为主题的图形元素摆放在版面的背景中，使画面显得更具内涵。
❷将版面中标题文字的结构进行不同程度的拉伸或缩短，打造出透视的视觉效果，同时引起观赏者的注意。

除此之外，还可以在段落的排列与组合上体现文字编排的艺术性。在实际的设计过程中，可以为编排加入一些具有意蕴美的元素，如具象化的图形元素、有传统韵味的象征性图形等。通过这些视觉元素的内在意义，来提升文字编排的视觉深度，使版面整体流露出艺术化的氛围与气息。

图片解析

❶设计者在版面中加入了两段手写字体，利用该字体样式来提升整体编排的艺术性，并间接展现了文稿内容的真实性。
❷将该段文字沿着铁栅栏的延伸方向进行排列，以增进文字与图形间的互动关系。

5.3

个性化的设计不仅能增强文字整体的诉求能力,同时还使画面的注目度得到有效提高。

让文字表现出十足的个性

在当今时代,文字已不仅仅是一种传播思想的工具,通过一番艺术加工后,还能使其具备视觉上的装饰性,同时提升版面的注目度。

让文字变得更具个性的方法有很多,比如文字的意象或表象化处理、图形化文字等。在进行文字的相关设计时,需要注意的是,文字最终呈现出来的视觉效果要符合版面的主题需要。

法则1 表象文字彰显文字个性魅力

某个物象没有出现在我们面前,但经过一定程度的提示后,它的形象会自然而然地出现在我们脑海中,这样的现象就称为事物的表象化。从表象的概念来看,它具有强烈的象征性,并在外观上与本体有着明显的相似性。

将表象化与文字设计结合在一起,使字体的外形与含义得到高度提炼,从而强化文字本身的视觉深度。文字的表象化可以理解为将文字的外形与含义进行融合,并使文字最终呈现出"半图半字"的状态,通过这种表现手法来形象地表达主题信息,同时赋予文字以装饰性。

图片解析
---

❶将文字配以特殊的材质效果,使观赏者在看到字体时就能联想到鸡蛋。

❷利用主体物与背景在配色上的强对比性,使字体在版面中显得格外突出。

法则2　给人意外惊喜的意象文字

　　意象是指从客观的角度出发，将人们潜意识中存在的情感活动以独特方式表现出来的一种视觉形象。在文字的意象化处理中，"意"与"象"分别担当着不同的角色，前者强调的是主观意愿，而后者讲究的是客观事实，因此要想设计出创意十足的意象文字，首先要正确理解意象的本质概念。

　　在进行文字的意象化处理以前，首先要对设计对象的本质含义有一定程度的认识，其次将具有主观性的创作情感融合在字体的结构当中，使字体呈现出富有想象力的视觉效果，同时赋予版面以优雅的意蕴与情调。

─── 图片解析 ───
❶将拉丁文字与图形元素融合在一起，打造出具有设计感的意象化文字效果。
❷运用单一的无彩色来调配背景画面，使字体元素显得格外醒目。

法则3　无限创意的图形化文字效果

　　人们将平时看到的事物进行具象化的总结与归纳，并结合自身主观的情感因素，将这些事物与字体结构组合在一起，以此构成文字的图形化效果。

1．动物

　　在设计领域中，动物向来都是最具代表性的图形元素之一，关于它的创作早在远古时代就已经存在了。在文字的图形化设计中，常见的设计元素有马、老虎等。另外，还有一些虚构的动物被应用到文字的图形化设计中，比如凤凰、麒麟和龙等具有象征意义的虚拟元素。

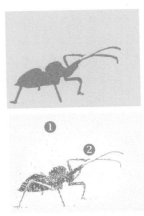

─── 图片解析 ───
❶将大量字母以动物图形的样式进行排列，以打造出具有象征性的图形化文字。
❷设计者将主体物放置在版面的下方，从而将观赏者的视线集中到该位置。

2．人物

在文字的图形化设计中，人物元素也是常见的创作题材之一。对于设计者来讲，人物元素有着太强的可塑性，如人物的五官、表情、手势和动作等，它们在视觉上都具有强烈的象征意义，因此以人物元素为设计对象的图形化文字往往能将主题信息表述得形象且到位。

---── 图片解析 ──---
❶将文字进行有目的性的排列与组合，以此构成具有象征意义的人物图形效果。
❷文字在排列方向与大小比例上都存在着差异性，设计者刻意结合这类编排手法来打造出具有空间层次感的版式效果。

3．工具

这里的工具通常是指生活中接触到的一些用具，比如交通工具、修理工具等。由此可见，工具元素所涉及的范围是非常广的，在进行文字图形化设计的过程中，不同的器物所代表的含义也是存在差异性的，根据版面的主题要求来选择合理的器物图形，使画面传达出准确的信息。

---── 图片解析 ──---
❶由大量文字拼贴而成的汽车图形，在视觉上带给观赏者以新奇、独特的印象。
❷运用简笔画式的图形样式，直观地反映出版面的主题信息。

法则4　粗体文字加强版面的视觉印象

将文字的笔画或结构进行加粗处理，以此构成文字的粗体效果。通过将字体的轮廓加粗加大，赋予文字以视觉上的厚重感，使该段文字在版面中显得非常突出。

粗体文字常被运用到平面设计中，比如刊物标题、海报宣传等，这些文字都是以概括的形式来表现主题信息的，因此对于设计对象来说，它们具有归纳与总结的作用，将这些文字的轮廓进行粗化处理，即可增强它们在版面中的注目度。

图片解析
❶设计者利用丰富的视觉元素来填满整个版面，使其呈现出局促、热闹的效果。
❷将版面中的主体文字进行加粗处理，从而突出其在版面中的视觉形象。

法则5　传统字体带来心理上的共鸣感

所谓传统，是指人们用来概括人类发展历程的一个定性词汇，它是与当代相对立的一个概念。文字发展至今已有悠久的岁月，那些古老的文字样式都具有传统性，如毛笔字、玛雅文字等。在版式设计中，通过这些传统的字体样式，使画面呈现出一种包含了风俗与文化的艺术气息，从而带给观赏者一种心理上的共鸣感。

传统文字主要存在于一些历史悠久的国度里，这些文字在当时是一种记录语言的工具，而到了今天则成为了时代的象征。在版式设计中，运用传统文字在文化上的代表性，可以拉近画面与观赏者之间的距离。

图片解析
❶设计者利用苍劲有力的书法字体来增添版面的传统韵味。
❷采用具有文化性的和服元素来提升版面对传统主题的塑造。

法则6　通过描边强调文字的视觉形象

　　对文字的轮廓进行勾边处理，以此增强该段字体在视觉上的表现力。通常情况下，进行勾边的线条与字体本身在色彩关系上要有明显的差异性，只有这样才能发挥出描边的真正作用。

　　在版式设计中，为某段文字进行描边处理，以将该文字段落从背景中进行抽离，从而呈现出独特的视觉形象。除此之外，描边文字还能在视觉上呈现出轮廓分明的效果，并为观赏者留下深刻的印象。

　　　　　　　图片解析
　　❶将人物与数字元素以重叠的形式排列在一起，以增强画面的空间感。
　　❷为标题文字加入勾边设计，使该段文字得到突出化表现。

　　在进行字体的设计创作中，利用描边线条与文字本身在色彩上的搭配关系，还能赋予字体以特殊的视觉效果。例如，渐变色调配可以赋予文字以立体感、刻意做旧的色彩搭配可以增强文字的腐蚀感等。

　　　　　　　图片解析
　　❶将字体的勾边色彩设定为渐变色，以从配色上强调该文字的金属感。
　　❷将人物与数字以重叠的形式进行摆放，从而在视觉上使两者都得到了突出表现。

法则 7 装饰性字体带来结构的美感

装饰性文字是一种常见的艺术字体，它的表现形式主要有两种，一种是计算机绘制，另一种是手工绘制。在平面构成中，装饰字体不仅要有完美的外形，同时还应具备深刻的内涵与意义。

在字体设计中，文字的装饰化设计并没有明确的设计规章与要求，简单来讲，它只是一种单纯追求视觉美感的设计方式。需要注意的是，在进行该类字体的设计时不能太过盲目，应当结合主题需求及文字内容，使字体不仅具有绚丽的外观，同时还兼备一定的含义与深度。

> ——— 图片解析 ———
> ❶通过对字母结构的拉伸与扭曲，打造出具有装饰性美感的设计效果。
> ❷将字体以密集的方式排列在一起，使文字的排列结构显得格外统一。

法则 8 抽象字体提高版面的视觉深度

抽象是一种极具深度的设计思维。在过去，很多人都不理解抽象的艺术，但随着思维的不断进步，人们开始接受那些从前不被接受的抽象理念。因此，抽象化的字体设计也逐渐被运用到一些主流的设计领域中，从而增加了社会群众与抽象艺术的接触机会。

将抽象的概念与字体设计相结合，以此构建出一个极具个人主观思想性的艺术产物。由于文字的抽象形态在外观上已经远远超越了它本来的面目，尽管人们很难辨认出抽象字体的笔画与结构，但并不影响他们去感受字体由内散发出的个性与魅力。

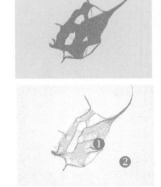

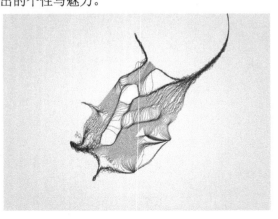

> ——— 图片解析 ———
> ❶设计者运用抽象的字体设计，打造出具有强烈视觉冲击力的画面效果。
> ❷通过空旷的背景画面来强调主体物在版面中的视觉形象。

5.4

文字的跳跃率决定了版面被关注的程度，只有高跳跃率的版式才能给人留下深刻的视觉印象。

文字的跳跃率

在我们接触的大部分刊物设计中，其版式内容主要包括标题、正文、引文、说明标题和编注等，这些要素都被配以不同的字号与字体。而文字的跳跃率即是指以正文为参照物，通过对最大标题的字幅及字高计算后的大小比率。

文字的跳跃率有高低之分，可以通过对文字的特殊化处理来改变版式中文字的跳跃率，如改变文字大小、加强标题文字的设计感或采用耗散的文字形式等。

法则1 运用文字的耗散性提升跳跃率

文字的耗散性主要体现在编排设计上，首先我们要以非理性的态度来看待文字的编排设计，接着再在排列过程中加入一些无秩序的表现方式，使版面整体呈现出无重心、无主次的极端视觉效果。文字的耗散型排列是极其随意的，它没有准确的法则可以遵循，因此在运用该类编排方式时，应当以版面的主题需求为基准，从而做到"形散而意不散"。

文字的耗散型排列在结构上呈现出相互矛盾与排斥的形态，可以利用这种无序的排列方式来增添版面的活跃感，从而提升文字间的对比性，使文字的跳跃率得到大大提升。

┌─ **图片解析** ─┐

❶通过错乱的排列方式来构成文字排列的耗散性，同时带给观赏者深刻的视觉印象。

❷将背景设置为暗色调，通过配色上的对比性来突出字体的形象。

法则2　运用大号字体提升跳跃率

　　低跳跃率的版式往往给人以平庸、缺乏活力的感受。为了避免在设计中出现低跳跃率的版式效果，可以通过改变版面中的文字大小来增强画面的生动性，在提高版面整体跳跃率的同时，也使观赏者在阅读后对作品留下深刻的印象。

　　在文字的编排设计中，可以通过放大文字来提升版面的跳跃率，从而赋予画面以活力。但我们不能盲目地放大版面中的任意一段文字，要想准确地提高文字的跳跃率，通常会选择一些具有重要意义的文字进行放大处理，如引言、标语等。

图片解析

❶采用剪裁的方式将主体图片分割成两部分，从而提高了版面整体的趣味感。

❷利用文字在色调上的冷暖对比，使文字要素的跳跃率得到提高。

法则3　运用标题文字的创意性提升跳跃率

　　标题是标明版式内容的精简语句，对于版面来讲，标题担当着宣传的作用。在版式设计中，对标题文字施以大胆的设计，通过对该字体进行大幅度的改造，可以提升文字的视觉形象，同时打破呆板的版式格局，从而带给观赏者以强跳跃率的视觉印象。

　　为了使标题文字能提升版面整体的跳跃率，可以为该字体融入特殊的材质，以提高标题文字在版面中的创意感。常见的方式有对标题文字进行加粗处理，或对标题文字进行另类化的编排组合等。

图片解析

❶将标题性文字施以艺术化处理，以在视觉上增强它在版式中的跳跃性。

❷运用弯曲的图形结构来增强版式空间的韵律感，从而给观赏者留下深刻的印象。

在版式设计中，标题文字的创意性不仅体现在字体材质的选择上，同时还可以通过图文组合的设计手法来实现这一效果。而图文组合的实际做法为，将标题中某个文字的结构进行拆分，与此同时，将与文字含义有关联的图形元素与拆分后的结构进行互换，通过图文结合的表现方式使标题文字的视觉形象得到突出，并进一步提高版面中文字的跳跃率。

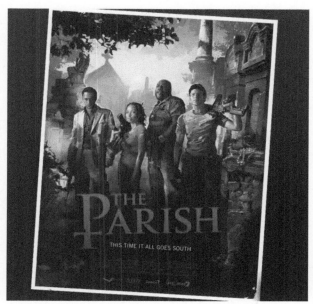

── 图片解析 ──
❶设计者通过漫画式的表现手法来提升画面的亲和力，以博取观赏者的好感。
❷将标题文字的首写字母与十字架图形组合在一起，以呼应字面含义与版面主题。

在版式的文字编排中，可以通过对标题字体进行特殊的表现手法，如勾边、放大或配以鲜亮的色彩等，使标题文字在形态或结构上与版面中其他类型的文字有所区别。同时还可以利用文字间的差异性来打破常规的版式格局，以提高文字的跳跃率。

── 图片解析 ──
❶设计者为标题文字进行描边，并配以鲜明的字号规格，以此提高该要素的跳跃率。
❷将版面中的文字段落以规整的形式进行排列，提升了画面整体的正式感。

综合案例解析

利用字体编排设计提高版式的跳跃率

在本章中，主要为大家讲解了版式文字的相关知识，其中包括文字的编排样式、艺术类字体在版式中的应用等。为了进一步提高大家的学习效率，这里准备了一则平面作品，希望该版面中一些出色的设计元素能够触发大家的设计灵感。

❶ 人物要素

设计者选用可爱的小孩作为画面的图片信息，利用充满稚嫩感的人物表情与动作，达到使人会心一笑的目的。

❷ 边框元素

通过为文字信息加入边框的形式来提示该段文字在版面中的注目度，并吸引观赏者的视线。

❸ 标题文字

通过对标题文字的加强表现来打造版式的高跳跃率。与此同时，还增强了版式的视觉表现力，从而提高了版式的传播效率。

❹ 自由型排列

将版面中的文字信息以一种自由、无序的形式进行排列，凭借随性的版式结构，带给观赏者一种不被任何事物束缚的洒脱感。

❶ 人物要素
❷ 边框元素
❸ 标题文字
❹ 自由型排列

第 6 章

图片的运用法则革新版面风格

- ◆ 图版率
- ◆ 如何挑选合适的图片
- ◆ 利用图片的编排法则强化版面整体布局
- ◆ 感受不同图片性格赋予版面的风格面貌

6.1

图片具有优秀的视觉传达效果,通过图片要素能使观赏者群体更容易理解版面中的文字信息。

图版率

所谓图版率,就是视觉要素所占面积与整体页面之间的比率。图版率的高低由版面中图片的实际面积决定。通常情况下,根据设计对象的需求来设定该页的图版率。

除此之外,图版率还是影响版面视觉效果的重要因素。利用图版率来调节文字与图片的空间关系,通过不同的组合方式,可以使画面表达出相应的主题情感。

随着生活节奏的不断加快,人们的阅读时间变得越来越少,因此在繁多的版式作品中,那些文字少、图版率高的作品往往能最先引起读者的阅读兴趣;然而,并不是所有的作品版式都以高图版率为设计目标的,如那些以文字为主要表达对象的版面,其图版率就显得相对较低。

所谓高图版率,就是指版面中的图片占据了大量的面积,成为了画面的主导元素。在高图版率的版面中,文字信息变得相对较少,而大篇幅的图片要素能在视觉上呈现给人们更多的内容与信息,并使他们感受到一种阅读的活力。通过这种编排手法,能有效地增强版面的传播能力。

— 图片解析 —

❶使图片要素占据版面的大部分空间,以扩大该平面作品的图版率。

❷将图片与文字以空间重叠的形式进行排列,从而增强布局的设计感。

低图版率就是指图片在版面中占据的面积变得相对较小，此时，文字内容自然就变得丰富起来。在低图版率的版面中，观赏者将面对大量的文字信息，而此时图片在版面中起到的作用就是调节。通过少量的图片内容来丰富版式的结构，从而避免过多的文字信息在视觉上带给人们疲劳感。

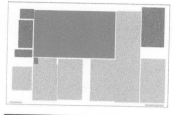

图片解析

❶设计者刻意减少了版面中的图片元素，以达到降低图版率的目的。

❷将大量文字以规整的方式进行排列，从而打造出版式结构的庄严感。

所谓适中的图版率，简单来讲就是在同一版面中，图片与文字要素在面积比率上呈现出 1:1 的情况。需要注意的是，这种等量比例是相对的。在这类版面中，利用文字与图片在面积比例上的等量关系来维持版式结构的均衡感，使两者均得到有效的强调。

图片解析

❶将图片与文字占据的版式面积设置为等量，以打造出适中的图版率。

❷利用文字环绕图片的排列方式来强调图文在形式与内容上的潜在联系。

6.2

根据版面主题筛选图片要素，利用
相应的图片内容来表现具有针对
性的视觉信息。

如何挑选合适的图片

在日常生活中，人们周围充斥
着各式各样的图片信息，主要包括
图形、图像等。这些视觉要素具有
独特的表现能力，它们能将信息通
过视觉渠道进行传播，并以非常直
观的形式向人们阐述主题。

通过对图片类型进行选择，来
赋予文字乃至整个版面以情感的表
现力，并以此打动观赏者，使其产
生共鸣。

法则1　运用角版图片强调版面前后对比

角版图片又称方形图片，这些图片在外形上呈现出正方形或矩形的样子，这类图片大多由摄影器
材拍摄所得。角版图形是我们生活中最常见的一种图片形式，它拥有规整的外形结构，并能维持版面
结构的平衡关系，因此常被运用到书刊、杂志等商业领域。

在版式设计中，将规格不同的角版图形投放到同
一个版面中，利用图片在外形上的对比关系来增添版
面的变化效果，并进一步打破呆板的版式格局，从而
提高观赏者对版面的感知兴趣。

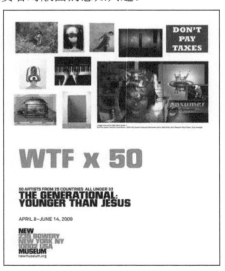

─── 图片解析 ───

❶将不同尺寸的角版图片排列在版面中，从而打
破单调的版式布局。

❷利用文字在字号上的渐变效果，赋予版面以变
化感，从而进一步丰富了版式结构。

由于角版图片具备简洁的外形，因此它能极大限度地突出图片中的视觉信息。在版式的编排设计中，为了进一步强调图片的内容，我们将外形完全相同的角版图形组合在一起，以规整的形式编排到版面中，利用整齐且直观的编排方式来提升画面的统一感。

- 图片解析 -

❶将尺寸相同的角版图形规整地排列在版面中，以打造出规范有度的版式效果。

❷设计者刻意采用单调的版面配色来简化版式结构，同时折射出刊物的专业性。

法则2　选用出血图片加强版面视觉冲击力

出血线即印刷术语中的"出血位"，它的作用主要表现为，在进行成品裁剪时，通过将版面中的有效信息安排在出血线内，以确保色彩覆盖了版面中所有要表达的区域。除此以外，还可以利用印刷中的出血线来进行创作，以此打造出具有独特魅力的版式效果。

出血线的标准是经过缜密计算得来的。在印刷中，不同规格的纸张有着不同的出血标准。对图片进行标准的出血剪裁，去除多余部分的图片，从而将有价值的视觉信息保留在版面中，从而提升图片要素的表现力。

- 图片解析 -

❶设计者将出血线以外的版面进行剪裁，从而将有价值的视觉要素保留在版面中。

❷刻意将文字以倾斜的方式进行编排，使文字与人物在空间上形成交错的视觉效果。

在对版面的编排设计中，可以在出血线以外的区域加入其他的视觉信息，从而丰富图片的边缘结构。例如，在出血线外加上黑色的边框，利用该边框元素来加强图片内容的表述能力。与此同时，还使画面四周达到整洁、美观的效果。

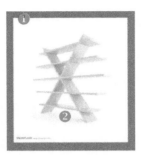

─── 图片解析 ───
❶设计者在出血部位加入黑色边框，通过该边框使图片的内容得到突出和强调。
❷居中的排列方式及裱图框的加入，使主体物的视觉表现力得到大幅度增强。

法则3 利用去背图片使物象结构更加鲜明

去背图片又称褪底图片，是指将图片中的某个视觉要素沿着边缘进行剪裁，以此将该要素从图片中"抠"出来，从而形成去背图片的样式。在图片处理中，通过对图片进行褪底处理，使该图片的视觉形象得到提炼，并使图片要素变得更加鲜明与突出。

褪底图片能使主体物的视觉形象变得更为鲜明，为了进一步增强该类图片在版面中的表现力，将做过褪底处理的图片与常规图片组合在一起，利用错乱的图片结构关系来打造出具有视觉冲击力的版式效果。

─── 图片解析 ───
❶设计者刻意将去背图片与非去背图片编排在一起，以增添版面的趣味感。
❷将图片与文字以随意的方式排列在版面中，以体现出设计者个性化的布局理念。

在进行图片的去背处理时，务必要做到严谨与细心，以保证主体物彻底地从背景中抽离出来，从而确保去背图片的美观性。在实际的版式设计中，去背图形能有效地突出其内容，并将观赏者的视线集中在该视觉要素上，使主题信息得到完美的展现。

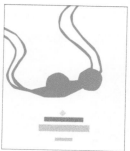

图片解析

❶将完全去背的图片放置到版面中央，以从表现形式与排列方式上加强主体物的表现力。

❷将文字信息以中轴对称的形式排列在画面中，从而将观赏者的视线集中于该区域。

法则4　通过裁剪方式使图片呈现不同的表现力

通过对图片的特定区域进行剪裁处理，将有价值的视觉信息保留在版面中，并利用该要素来帮助画面完成对主题信息的阐述。在实际的设计过程中，虽然图片的剪裁方式有很多种，但我们剪裁图片的目的只有一个，就是突出图片中与主题有直接关系的视觉要素。

可以利用剪裁图片来完成对视觉要素的缩放，并强调版面中的主体物。例如，在一个有人有风景的图片中，为了放大人物在画面中的视觉形象，设计者就需要通过剪裁背景画面来缩小版面中风景要素的面积，使人物要素得到加强。

图片解析

❶将标志与简短的文字排列在版面中，从而在形式上给人留下精致、细腻的印象。

❷通过大量剪裁版式中的背景要素，以扩大主体物在画面中的面积比例。

除此之外，还可以对版面中的主体物进行剪裁，并将该主体物的局部放置在画面中，以构成风格独特的视觉效果。最常见的剪裁对象有人物、动物和建筑等元素，结合特定的剪裁与排列方式，该类图片还能在视觉上形成切入式的构图样式。

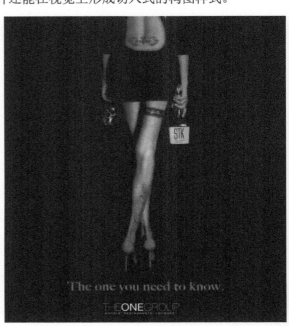

────── 图片解析 ──────
❶通过剪裁人物图片，将该人物的局部留在版面中，以此构成切入式的编排效果。
❷将背景颜色设置为黑色，以营造出神秘的视觉氛围。与此同时，利用低沉的配色环境使人物的高贵气质得到体现。

在处理版面中的图片时，通过对图片进行剪裁，还能控制画面中各视觉要素间的大小比例，并根据物象间的比例关系来区分版面信息的主次关系，从而提高图片表述主题的能力。当剪裁图片时，一定要时刻保持清晰的思路，以免因失误而将与主题有关的视觉信息删除。

────── 图片解析 ──────
❶通过将文字信息排列在版面的中央，以有效地吸引观赏者的注意，从而提高传播效率。
❷将人物从不同规格的图片中剪裁出来，同时摆放到版面中，根据人物比例大小的不同来确定他们之间的主次关系。

6.3 利用图片的编排法则强化版面整体布局

与版面中的文字一样,图片也有特定的编排模式,并且在实际操控上显得更为复杂多样。

图片是版式设计中最基本的构成要素之一,在视觉表达上具有直观性与针对性,通过图片要素能使观赏者更易理解画面中的主题信息。

在版式设计中,可以通过对图片进行位置、占取面积、数量与形式等方面的调控,来改变版式的格局与结构,并最终使画面呈现出理想的视觉效果。如右图所示,设计者运用特殊的线条元素使图片产生方向性。

法则1 根据图片位置表现不同的版面情感

对于主体图片来讲,在版面中放置位置的不同,对其本身的表现也将造成很大的影响。通常情况下,主体图片会出现在版面中的左部、右部、上部、下部和中央等区域中,可以根据版面整体的风格倾向与设计对象的需求来考虑图片的摆放位置。

1. 右部

将主体图片放置在版面的右边,使观赏者产生从右到左的颠覆性视觉流程。由于与人的阅读习惯是恰好相反的,因此,该种排列方式能有效地打破常规的版式结构,并在感官上给观赏者留下深刻的印象。

图片解析

❶设计者将主体图片摆放在版面的右方,以打破阅读者常规的浏览习惯。

❷设计者通过对文字进行字号与配色的调整,来区分标题和正文的视觉形象。

2. 左部

将主要图片放置在版面的左部，相对于文字来说，图片更具有视觉吸引力，因此通过该类排列方式，可使画面产生由左向右的阅读顺序。通过主体图片的左置处理使版面展现出统一的方向性，同时还可以增强版式结构的条理性。

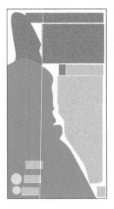

图片解析

❶将图片元素摆放在画面的左方，使版面的视觉流程迎合观赏者的阅读习惯。

❷为主体人物的视线预留充足的版面，设计者通过该编排手法提升了画面的空间感。

3. 中央

版面的中心位置是整个画面中最容易聚集视线的地方，因此设计者常将主体元素放置在该位置，以提升该元素的视觉表现力。将图片摆放在版面的中央，并将文字以环绕的形式排列在图片的周围，通过该种编排手法赋予画面以饱满、迂回的版式特征。

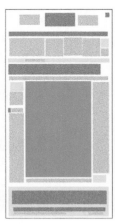

图片解析

❶设计者将版面中唯一的图片摆放在中央位置，以达到吸引观赏者注意的目的。

❷大量的说明文字位居图片的左右，在排列形式上加强了图片的表现力。

4. 下部

在一些文字较少的海报设计中，由于版面中的视觉要素非常有限，一般能起到宣传作用的主要是标题与说明文字。为了使观赏者在第一时间了解到版面的主题信息，设计者通常会将图片摆放在画面的下方，以强调文字要素，并使整个阅读过程变得清晰、明朗。

图片解析

❶设计者将标题文字以中轴对称的方式进行排列，从而提高了文字的可读性。

❷将画面中的主体物放置在版面的下方，使画面表现出稳固、深沉的视觉效果。

5. 上部

版面中的文字与图形有着潜在的逻辑关系，我们可以利用图片在视觉上的直观性与可视性来明确地阐明文字信息。当将图片摆放在版面的上方时，可以构建起从上往下的阅读顺序，并使读者从图片的内容入手，使其理解能力得到显著提升。

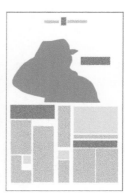

图片解析

❶将主体图片放置在版面的上方，从而为文字信息提供了更多的表现空间。

❷设计者通过规范有度的编排形式，从正面反映出刊物的专业性与务实性。

法则2 控制图片面积营造版面对比效果

在版式设计中，将不同规格的图片要素组合在一起，利用图片间面积上的对比关系来丰富版式的布局结构，提升或削弱图片要素的表现力，并使版面表现出不同的视觉效果。

在版式的编排设计中，缩小图片在面积比例上的差异程度，可以打造出充满均衡感的版式空间。可以运用均等的图片面积来帮助版面营造平衡的视觉氛围，与此同时，凭借这些图片在面积上的微妙变化来打破规整的版式结构，使画面显得更具活力。

— 图片解析 —
❶将尺寸类似的图片以组合的形式摆放在画面中，使版面呈现出均衡的视觉效果。
❷将文字穿插在图片的上下方以形成互动的空间关系，同时使版面充满趣味感。

将版面中的图片设定为同等大小，可以利用相等的图片面积来提升版式结构的规整感。该类编排手法的主要特征为严谨的排列结构与规整的版面布局，因此通常被用在那些极具正式性的时事报刊中。

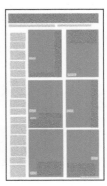

— 图片解析 —
❶选用尺寸完全相同的图片要素，以打造出具有严整感的版式效果。
❷设计者刻意采用偏大的图片尺寸，以协调版面中的图版率。

在版式的编排设计中，将具有明显面积差异的图片安排在一起，利用物象在面积上的对比来突出相应的图片元素，从而达到宣传主题信息的目的。扩大版面中图片面积的对比效果，可以帮助图片要素划分出明确的主次关系，因此该类编排手法通常被运用到一些以图片为主的刊物中，如时尚杂志、画册等。

图片解析

❶将辅助图片以水平走向进行排列，通过规整的编排方式来塑造统一的版式形象。

❷利用主体图片与辅助图片在尺寸上的强烈反差，打造出具有冲击感的版式效果。

法则3　巧借图片方向获得生机勃勃的版面氛围

图片的方向性是由其内容所决定的，因为图片本身是不具备任何方向性的。通常情况下，我们利用视觉要素的排列方式或特定动态来赋予图片以强烈的运动感。与此同时，图片的方向性还能对观赏者的视线起到引导作用，并根据图片内容的运动规矩来完成相应的视觉流程。

还可以利用物象自身的逻辑关联来诱使图片产生特定的方向感，例如，地球的重力始终是朝下的、单个生物的进化过程等，这些元素不仅能给予图片方向性，同时还能增强版式结构的条理感。

图片解析

❶ 通过将文字说明与数字编排在一起，来引导观赏者进行有规律性的浏览。

❷设计者利用数字的逻辑顺序，赋予版面整体统一的运动方向。

除此之外，还可以运用物象本身的动势来赋予图片以方向性。比如高耸的建筑，在视觉上的透视效果能赋予图片以延伸感，或者人物的动作朝向、眼神的凝视方向等，这些要素可切身体会到图片在特定方向上所产生的动感效果。

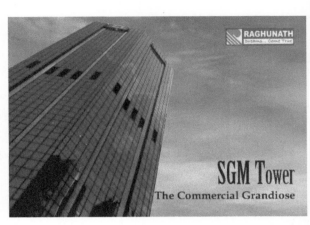

图片解析

❶设计者利用建筑物在空间中的透视效果，使图片具有了向上的方向性。

❷刻意地将文字设置为大字号，通过醒目的字体形象来增强文字信息的易读性。

将版面中的视觉要素按照一定的轨迹或方式进行排列，同样可以赋予图片以方向感。例如，将图片中的视觉要素以统一的朝向进行排列与布局，使版面形成固定的空间流向，并引导观赏者完成单向的阅读流程。

图片解析

❶将图片要素以正三角形的形式进行排列，使版面整体产生向上的视觉牵引力。

❷利用极具代表性的图片元素配合祝福性的文字语言，以渲染出浓郁的节日气氛。

法则4　图片组合使版面鲜明且富有空间感

　　在图形的编排设计中，图形的组合排列一般分为两种，即散状排列与块状排列。针对不同的版式题材和画面中图片元素的数量，来选择适宜的排列方式，从而打造出富有表现力的版式空间。

　　散状排列是指将图片要素以散构的形式排列在版面中，以此形成自由的版式结构。该类编排手法没有固定的排列法则，只要求图片的排列位置尽量分散，并讲究整体的无拘束感。因此，该类排列手法能带给观赏者以轻松、活泼的视觉感受。

图片解析

❶将版面中的图片以重叠的方式进行排列，从而打破常规版式的拘束感。

❷设计者刻意为插图加上白色裱图框，以强调它们在版面中的重要性。

　　块状排列是指将版面中的图片要素以规整的方式进行排列，使图片整体表现出强烈的秩序性与简洁性。相比于散状排列来讲，该种排列形式就显得严谨了许多，它不仅使组合图片变成了一个整体，同时还将版面中图片与文字的界限划分得十分清楚，以便于观赏者对相关信息进行筛选。

图片解析

❶将图片以规整的形式排列在版面中，从而形成块状的版式结构。

❷设计者将图片摆放在版面的上方，使画面产生向上的视觉引力。

6.4 图片是许多出版物中不可或缺的表现元素，它不仅能传递信息，同时还能起到美化版面的作用。

感受不同图片性格赋予版面的风格面貌

在平面构成中，图片依据自身的内容来对主题信息进行表述，而不同的图片所阐述的信息也存在着差异性。为了能够通过图片来丰富版面的表达形式，可以采用一些具有代表性的图片内容，以提高版面的注目度。

根据图片内容的不同，将图片的类型划分为以下几种：夸张性图片、抽象性图片、文字图片、拼贴图片、具象性图片和符号性图片。

法则1 利用夸张性图片产生戏剧性的版面效果

夸张是一种修辞手法，将夸张这种概念融入到图片中，不仅能加强其主题内容的表现，还能激发观赏者的想象力。在实际的设计过程中，可以选择一些在视觉或形式上具有夸张性的视觉要素，使版面产生视觉冲击感，从而给观赏者留下深刻的印象。

对图片中的视觉要素进行艺术化的处理，使其展现出与之前完全不同的形态，以此在表现形式上产生夸张的效果。利用夸张类图片在视觉上的冲击性来刺激观赏者的感官神经，以此带给他们充满新奇感的视觉感受。除此之外，该类图片还具备生动性，能有效地强化画面对于主题的表现力。

―― 图片解析 ――

❶版面中的图形均由蛇的身体构成，通过该视觉要素使画面表现出夸张的效果。

❷画面整体的配色鲜艳且明亮，因此在视觉上能给观赏者留下积极的印象。

与夸张的表现形式相比，图片内容的夸张显得更有内涵与深度。具体来讲，该类图片以版面的潜在意义为表述重点，例如，它可以是一个简单的动作或表情，通过简单的行为来激发观赏者的联想能力，使其在思考的过程中得出与主题相对应的结论。

┌── 图片解析 ──┐
❶设计者利用看似简单的人物动作来表现该公司派送物件的保质与速度。
❷通过产品实物与简单的文字说明，将版面的主题信息阐述得准确而到位。

法则2　利用具象性图片增添版面想象空间

　　人们对自然界中某个事物的外形进行归纳与总结，并将其以高度浓缩的形象展示出来，从而构成具象化的视觉效果。运用简化的方式来表现视觉要素，从而构成具象性图形。由于该类图片具有强烈的简洁性与针对性，因此它也常出现在各类刊物和杂志的设计中。

1. 自然元素

　　这里的自然是指生活中所遇到的一些与自然相关的事物，如云朵、彩虹和风等。将这些自然元素进行具象化处理，并以图形的形式展现在图片中，利用简化的图形样式来增添版面的装饰性，从而带给观赏者以美的视觉感受。

┌── 图片解析 ──┐
❶将富有设计感的品牌标志放置在版面中，使画面整体表现出精致与细腻的感觉。
❷将意象化的图形元素摆放在版面中，赋予版面以意境化的视觉氛围。

2．人物元素

在平面构成中，以人作为设计对象的作品有很多。因为对于设计者来讲，关于人的创作题材是非常广泛的，如人的肢体动作、表情神态，以及人体器官等。以人物为主题的具象性图片，能恰如其分地反映出版面的内涵与意义，同时带给观赏者直观的视觉印象。

───── 图片解析 ─────

❶设计者将以人物为对象的具象图形摆放在版面中，利用人物鲜活的动作与姿态，赋予版面象征性的视觉效果。

❷将文字设计为特殊的材质效果，以从内容与形式两个方面来强调版面的主题。

3．器物元素

器物是所有用具的总称，它所涵盖的范围非常广，小到生活用品，大到机械类产物。在版式设计中，根据主题的需要挑选合适的器物种类，并将该元素的外形与内部结构进行简化处理，同时利用它来诠释版面的主题信息，使整个表现过程变得简单明了。

───── 图片解析 ─────

❶将金色的领结作为企业标志的图形，从形式上赋予企业形象以特殊的含义。

❷通过将标志图形设置为金黄色，使标志呈现出成熟、稳重的效果，给观赏者以信赖感。

4．动物元素

在平面设计中，动物是最为古老的创作元素之一。早在远古时期，动物便以图腾的形式出现在一些祭祀活动中，如今人们仍将这种元素应用到图形设计中，以此将动物的象征意义赋予图片，同时提升了版面整体的感知深度。

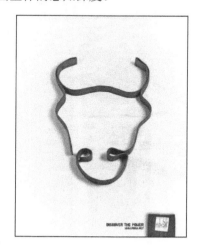

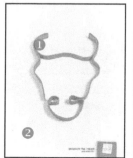
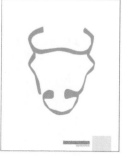

———— 图片解析 ————

❶将腰带编排成动物的意象化形态，使画面呈现出具有强烈象征性的视觉效果。

❷利用空旷的背景画面，使版式中英文字母的形象得到突出与强调。

法则3 **极具表现力的抽象性图片**

抽象是指我们对某类事物共性的主观描述，抽象与具象的区别在于，后者能使人联想到具体的某个事物，而抽象则是完全抽离了该事物原有的形态，并呈现出无意识的形态，从而在视觉上带给人们一种回味无穷的视觉感受。

在平面构成中，抽象性图片带有强烈的个人色彩，并从艺术角度上打破了人们对美的传统化认识。需要注意的是，年龄、性别，以及人生经历的差异性也将影响人们对该类图片的认识，并在浏览的过程中产生完全不同的心理感触。

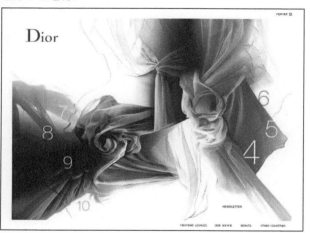

———— 图片解析 ————

❶设计者将不同色泽的丝巾以缠绕的方式编排在一起，以构成抽象化的视觉效果。

❷将不同规格的数字以散构的形式排列在画面中，从侧面渲染出版式结构的意境美。

尽管抽象类图片并没有固定的表现模式，但在实际的设计过程中，务必要以设计对象的主题要求为中心，并围绕着该中心展开理性的创作，从而打造出具有针对意义的平面作品，使观赏者在感受到画面中抽象美感的同时，还能领略到画面中的潜在信息。

—— 图片解析 ——
❶利用杂乱无章的描绘方式将颜料涂抹在版面中，以构成抽象化的视觉效果。
❷设计者刻意采用黑色背景，利用深沉的背景色调来突出纯色调的视觉形象。

法则4　符号性图片在版面中的作用

在平面构成中，符号是指那些具有某种象征性意义的图形，同时它也包括文学中的标点符号，如问号、惊叹号等。这些符号在不同的情况下所起到的作用也是不同的，比如，以标点为设计对象的符号图形能赋予版面以相应的情感表现，而特殊类符号图形则能起到装饰版面的作用。

1. 标点符号

在文学领域，标点符号的意义主要为断句和表达特殊的语气。当将该类符号运用到版式设计中时，通常会以某个标点符号的外形为基准，将画面中的某个视觉要素编排成该形状，从而赋予版面相应的情感表达。

—— 图片解析 ——
❶通过将标题文字加粗与放大来提升标题的形象，并起到吸引观赏者视线的作用。
❷设计者将版面中的符号图形进行放大处理，赋予版面以强烈的疑问感。

2. 特殊符号

特殊符号是指那些有别于传统的一类符号。在日常生活中，这些符号并不常见，但在某些特定的版式中，它们却能起到点缀的作用。例如，在网页、书籍封面和宣传单等元素的设计中，人们常将一些特殊符号摆放在页面中，凭借这些符号在外观上的新奇感来提高版面整体的关注度，从而引起观赏者的注意。

图片解析
---

❶在版面中使用特殊性的符号图形，以从正面表现该网页设计的前卫感。

❷将含有卡通元素的图片要素编排到版面中，以缩短版面与观赏者的距离感。

特殊符号可以是具象的某个标识，也可以是一些具有抽象概念的事物，如时代等。在版式设计中，通过该类符号来为观赏者提供心理暗示，并使他们与符号指代的特殊意义达成共识，从而拉近作品与观赏者之间的距离。

图片解析
---

❶利用眼睛与枪两个具有象征意义的符号图形，从正面表述出该书籍的主题内容。

❷将版面中的图形与文字以中轴对齐的方式进行排列，以增强版面的正式感。

法则5 利用图片的拼贴效果丰富版面的层次感

将不同内容或材质的图片在空间中进行叠加式的排列组合，以构成图片间的拼贴效果。拼贴性图片在结构上有强烈的错位感，此外，将不搭调的图片拼凑在一起，可以使组合整体看起来有种格格不入的视觉效果，从而赋予版式以多元化的编排结构。

大部分的图片在进行拼贴前，都会经过设计者的一番精心剪裁。剪裁不仅能削减次要元素以突出图片内容的主题，同时随意的剪切还能使图片呈现出一种残缺美。拼贴性图片往往能给人以创意十足的视觉感受，例如，将不同材质的图片拼贴在一起，会使画面显得个性十足。

—— 图片解析 ——
❶将配色与内容均不同的图片要素组合在一起，以形成具有错位感的拼贴样式。
❷设计者在空间的四周留有留白，以缓和拼贴图片在视觉上的冲击力。

除了二维平面中的拼贴图片外，还可以利用图片间的叠加效果，赋予版面以立体的视觉效果。通过图片的叠加摆放，不仅能使画面产生一种随意性的拼贴效果，同时还为版面节约了大量空间。

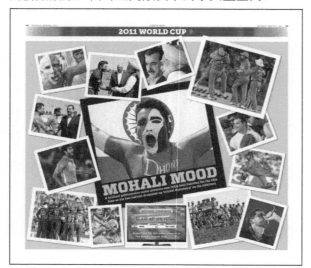

—— 图片解析 ——
❶将不同规格的角版图片以空间重叠的方式排列在一起，从而赋予版面以立体感。
❷通过设置不同的边框颜色，使主体与辅助图形得到有效区分。

法则6　别具一格的文字图片

简单来讲，文字类图片是指将文字与图片进行有机的结合，这种结合不仅能提高文字的视觉深度，同时还能强化对字面含义的表现力，并加强观赏者对主题信息的理解力。

将字体与特殊的材质结合在一起，以赋予文字图形化的视觉效果。在为字体添加材质之前，需要先了解该文字的字面含义与版面的中心主题，同时以这些信息为基准，将相应的材质添加到字体设计中，以此在视觉传达上构成具有准确性与针对性的文字性图片。

— 图片解析 —
❶以散构形式排列的动物图形，结合鲜艳的图形配色，以美化版式结构。
❷根据版面主题与文字内容的需要，将富有针对性的材质赋予到字体设计中。

根据版面的含义，可以将文字与图形组合起来，从而打造出绘声绘色的图形化文字。在实际的设计中，通常是以替换的形式来组合文字与图形的，如把文字的某个结构用图形取代，以此将具有直观性的图形语言融合到字体的表现中，从而加强版面对信息的传播效力。

— 图片解析 —
❶设计者特意将字体中的局部调配成红色，以提高文字整体的注目度。
❷将牙刷的具象化图形与文字结构组合在一起，使文字图片表现出深刻的含义。

采用多种表现手法赋予图片方向感

在本章中，通过对图片运用法则的学习，相信大家已对版式中图片的种类、布局方式，以及应用类型等有了一定的认识。结合前面所学的内容，我们挑选了一幅与之相关的优秀平面作品，如左图所示，请试着对作品中所采用的图片处理方式进行分析，以巩固本章所学的知识。

❶ 人物要素

❷ 标题文字

❸ 图形效果

❹ 标志设计

❶ 人物要素

设计者利用人物元素的动作姿态与视线朝向，使图片在特定方向上产生视觉牵引力。

❷ 标题文字

通过标题文字在字号上的对比效果，为版式结构增添了几分节奏感。

❸ 图形效果

流线状图形元素的运用，不仅增强了图片的方向性，同时还起到了美化版面的作用。

❹ 标志设计

融入简约且富有设计感的标志元素，以在视觉上提升版面整体的品质感。

第 7 章

巧用色彩配置法则创造最美版式

◆ 色彩的基本要素决定版面的风格倾向

◆ 感受不同色彩种类带来的版面风格

◆ 常见的 5 种色彩搭配法则

7.1 色彩是构成版面的视觉要素之一，它不仅能传达情感，同时还能决定版面整体的风格倾向。

色彩的基本要素决定版面的风格倾向

在包罗万象的自然界中，色彩的种类与样式是非常繁多的。为了更好地把握与运用色彩，人们对色彩进行了归纳与总结，从而得出了构成色彩的 3 个基本要素，即色相、明度和纯度。

在版式设计中，设计者们通过色彩的 3 项要素来决定色彩的属性，与此同时，利用色彩的主观性使版面产生相应的情感表达，并由此决定画面整体的风格倾向。

法则1　利用简明色相保持版面的淳朴印象

在色彩的 3 个要素中，色相是构成色彩的最大特征，是由色彩的波长来决定的。每个色彩都有相应的色相名称，人们通过色相来对不同的色彩进行识别与辨认。在版式的色彩设计中，人们常通过色相的选择与调配来帮助版面打造简洁、明朗的视觉效果。

在版式的配色设计中，简明扼要的配色关系能帮助版面打造出相对清新、舒适的视觉空间，使设计主题得到直观呈现，同时给观赏者留下积极的印象。为了使版面达到该类视觉效果，在符合主题的情况下可以选择色相上显得朴实、柔和的一类色彩。

—— 图片解析 ——

❶在版面中采用大量的低明度色彩，以降低画面的鲜艳度，并使其呈现出朴实的效果。

❷运用鲜艳的红色文字边框来提升版面的活跃感，带给观赏者以深刻的印象。

可以通过特定的色相来提炼版式的简洁感，除此以外，还可以通过控制版面用色的数量来影响版式的风格倾向。例如，将与主题无关的色相进行大量删减，利用单纯的色相关系使画面呈现出淳朴的视觉效果等。

图片解析
❶设计者尽量减少画面中的配色数量，以最精简的色彩搭配来表现画面的主题。
❷简洁的配色关系与简笔画式的图形要素，两者共同组建成淳朴、简约的版式效果。

法则2　巧用色彩的明度变化营造不同的版面印象

　　所谓明度，是指色彩的深浅与明暗系数。在自然界中，所有色彩都会受明度的影响。色彩的明度值取决于它反射的光的强度。不同明度的色彩，所带给人的视觉印象也是有差异的，如高明度色彩给人以明亮感，低明度色彩给人以低沉感，而中低明度色彩则给人以含蓄感等。

1．中明度

　　中明度是指明度的中短调，该类色彩的明度介于高、低明度的中间，所以在视觉上既保持了高明度的柔和，同时又中和了低明度的朦胧，因此中明度的颜色常被设计者用来表达平淡、朴实的版面主题。

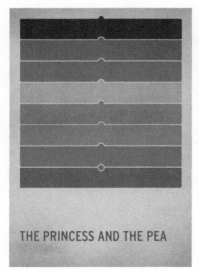

图片解析
❶画面中的多种色彩皆被调配为中明度，降低了明度的色彩组合，使版面呈现出平淡、缓和的视觉效果。
❷设计者将图形元素施以规整的排列方式，从而在形式上加强了版式的平静感。

2．高明度

高明度色彩是指反光能力较强的一类色彩，如柠檬黄、粉红色和浅紫色等。由于高明度色彩在视觉上能带给人以明快、清晰、亮丽的印象，所以这类色彩常被应用在以表达积极、活泼等因素为主的版式设计中。

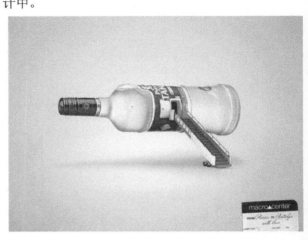

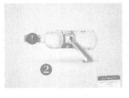 

──── 图片解析 ────

❶设计者刻意提高了主体物色彩的明度，利用高明度的配色效果来提高版面的清晰度。

❷将背景设置为明度渐变的配色效果，使画面显得明亮且极具层次感。

3．低明度

低明度是指反光能力较弱的一类颜色，如黑色、墨绿色等。在版式的配色设计中，设计者可以运用低明度的色彩来使画面表现出低沉、暗淡的视觉效果，同时给观赏者留下冷峻、严肃的印象。

──── 图片解析 ────

❶通过降低主体物的色彩明度，使画面整体呈现出低调、沉静的视觉效果。

❷利用形象的表现手段，将广告中的公益主题表现得淋漓尽致。

法则3	利用纯度掌握版面鲜明度

在色彩学中，我们所提到的纯度是指该色彩的鲜艳程度。简单来讲，纯度越高的色彩在视觉上就会显得格外鲜明；相反，当纯度偏低时，就会使色彩呈现出浑浊的效果。设计者通过调配色彩的纯度来对版面进行渲染，以使画面表现出不同的视觉情调与氛围。

1. 高纯度

纯度越高的色彩在视觉上就显得愈发鲜艳与干净。将高纯度的色彩应用在版式设计中，能有效地提升版面整体的艳丽感，同时带给观赏者以生动、鲜艳、华丽的视觉印象。

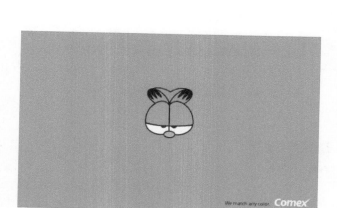

――― 图片解析 ―――
❶设计者采用高纯度的环境与图形配色，使画面表现出艳丽、跳跃的视觉效果。
❷采用卡通的表现方式来增强版面的亲和力，同时结合省略的手法，从而进一步提升观赏者对主题信息的感知兴趣。

2. 低纯度

低纯度主要是指鲜艳度较低的一类色彩，当色彩中含有的原色比例相对较少时，色彩的纯度值就会偏低。在版式设计中，将低纯度的颜色运用在视觉要素的色彩搭配上，可有效地降低画面整体的鲜艳度，使画面表现出沉稳、冷静的视觉效果。

――― 图片解析 ―――
❶在背景中施以大量的低纯度色彩，以此打造出低沉、暗淡的视觉氛围。
❷简短的说明文字配合标志图案，以帮助观赏者理解画面的主题信息。

3. 中纯度

中纯度即是位于高、低纯度中间值的一类色彩。中纯度色彩在视觉上既不鲜艳也不暗淡，而是呈现出一种相对平缓、淡定的状态，所以这类色彩常被用来打造温和、统一、静态的版式效果。

┌─── 图片解析 ───┐
❶设计者将背景与主体物设置为中纯度的配色，使画面表现出高度统一的效果。
❷借助漫画式的表现手法来提升版面的趣味性，从而引发观赏者的感知兴趣。

法则4 赋予版面不同的情感色调

色彩是一种以视觉为传播途径的媒介，它通过特定的视觉传达方式带给观赏者相应的心理暗示，并同时引发该对象产生情绪的波动与变化。在实际的版式配色中，可以根据设计主题与观赏者群体的心理特征，并结合相应的色彩要素来完成主题的情感表达。

1. 暖意

暖色能在视觉上给予观赏者以温暖、饱满、愉快的心理感受。常见的暖色有红、橙和黄等。在版式的配色中，常利用画面中的暖色调来刺激观赏者，使其感受到版面中色彩间的活跃与激情。

┌─── 图片解析 ───┐
❶采用大量的黄色、褐色等偏暖的色彩来调配版面，使其呈现出浓浓的暖意。
❷将木质地板与山脉融合在一起进行视觉表现，使画面呈现出奇特的效果。

2. 冷感

冷色与暖色是一组相对立的色彩，主要包括蓝、绿和紫等。冷色能使人联想到冬天、海洋和夜晚等元素，并带给人以深远、广阔的视觉感受。因此，将这类色彩运用到版式设计中，可以搭配出具有宁静、幽深等情感的色调组合。

┌─ 图片解析 ─┐
❶版面配色以蓝色系为主，通过该种配色方式使画面呈现出安宁、平静的氛围。
❷将生动的人物雕塑摆放在版面中，使版面展现出庄严、端庄的视觉效果。

3. 压抑

众所周知，情绪有喜怒哀乐的变化，味觉也有酸甜苦辣的不同，这些都是人们能够切身体会到的感受，而通过色彩也能使人们产生相类似的感触。需要注意的是，在不同的环境与主题下，同种色彩所带来的情感表述是存在差异性的，如黑色既可以增添版面的稳重感，也可以使画面呈现出压抑感。

┌─ 图片解析 ─┐
❶将视图的上半部分涂以大量的红色，运用这种配色方式带给观赏者以压抑的视觉感受。
❷版面中的红与绿在视觉上具有强烈的对比性，从而增强了画面带来的视觉冲击力。

─── 图片解析 ───

❶设计者将主体物的配色设置为偏低的明度，带给观赏者沉寂的视觉感受。

❷利用纯黑的背景画面来加深画面的宁静氛围，同时使版面的主题得到强调。

4．沉寂

在版式的配色设计中，将低纯度及低明度的色彩结合在一起使用，可使画面呈现出沉寂、静止的视觉氛围。设计者通常利用该种配色方式来抑制观赏者紧张的情绪，使其感受到内心的宁静。除此之外，也使版面主题的表现变得更有效力。

5．兴奋

当在版式中使用高纯度、高明度的色彩时，就能有效地刺激观赏者的视觉神经，并使其产生亢奋、激动的心理变化。在版式设计中，通过对这类色彩的使用，可以给观赏者以活跃、兴奋的视觉感受。

─── 图片解析 ───

❶运用极度鲜艳的配色关系来点亮版面，同时刺激观赏者的视觉，使其产生兴奋感。

❷通过流线型的图形要素来增强版式的灵动感，并使画面主题得到提炼与升华。

6. 欢快

在色彩设计中，增加版面中鲜艳色彩的配色数量，可使画面呈现出热闹、欢腾的视觉效果。这里的鲜艳色彩是指它们的高明度指数与高纯度指数。值得注意的是，当我们将这些色彩投放到画面中时，一定要控制好它们的搭配关系，以免出现配色方式过杂的情况。

图片解析

❶版面中的家具均由高纯度的色彩进行搭配，通过这些五彩缤纷的配色，使观赏者产生欢快、愉悦的心情。

❷通过物象间错乱的排列方式，从形式上赋予版面以视觉的热闹与欢腾。

7. 活跃

色彩在版式设计中扮演着极其重要的角色，它能带动人们的情绪，并使其产生相应的心理变化。例如，可以使用多种色彩来调配版面中的视觉要素，利用不同色彩在情感表达上的差异性来丰富版式的配色关系，并使其呈现出活跃、欢悦的视觉氛围。

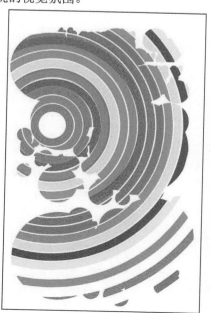

图片解析

❶设计者将多种色彩以组合的方式拼贴在一起，从而为版面增添了几分活跃感。

❷由简单图形组合而成的抽象元素，在视觉上提升了版面整体的深度。

8．信赖

在版式设计中，选择具有低沉感的色彩，如黑色、深蓝色、墨绿色和银灰色等来调配物象间的配色关系，可以使画面整体呈现出稳健、沉重、成熟的视觉效果，从而给观赏者带来心理上的信赖感。由于该类配色方式能使观赏者内心感到踏实与放松，因此常被应用在一些以医学、科普等为题材的出版物中。

—— 图片解析 ——

❶设计者将主体物调配成黑色与绿色，通过该配色组合使观赏者产生踏实的心理感受，从而增加对主题信息的信赖感。

❷通过将背景画面设置为蓝绿色，进一步增强了版面整体色彩的稳健感。

9．积极

在配色设计中，可以通过特定的配色方式来调动观赏者的积极情绪，并使他们对画面整体产生好感。为了营造出积极的视觉氛围，可以选择一些如粉绿色、米色和淡蓝色等明度偏高的色彩，将这些色彩以组合的方式呈现在版面中，使画面整体呈现出清新、舒适的感官效果，从而给观赏者留下积极的印象。

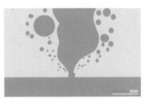
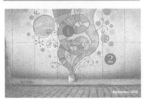

—— 图片解析 ——

❶设计者将几组明度偏高的色彩搭配在一起，使画面产生积极、清新的效果。

❷利用无彩色与有彩色在视觉上的对比效果，突出了主体物的形象。

7.2

不同色彩拥有不同的象征意义，设计者将这些色彩组合在一起，可以打造出具有独特风格的版面效果。

感受不同色彩种类带来的版面风格

色彩的种类非常繁多，人们经过总结将其大致分为两种，即有彩色与无彩色。

我们将带有明显色相性质的一类颜色称为有彩色，比如黄、绿、青和紫等，这类色彩有着丰富而生动的情感表达。如右图所示，设计者运用了不同明度的冷色调，以成功营造出视觉的神秘感。除去有彩色以外的所有色彩都称为无彩色，比如黑、白、灰和金等，这类色彩在情感表达上显得十分含蓄。

法则1　使用有彩色设置特殊情调的版面效果

有彩色是版式设计中最为常见的，有彩色不仅具备丰富的情感意义，同时还具有直观性与象征性。设计者通过对有彩色进行特定的搭配与组合，以帮助画面打造出相应的视觉氛围，如迷幻、复古、温馨、华丽、朴素、浪漫和时尚等。

1. 迷幻

在版式的配色设计中，将多种鲜艳的色彩搭配在一起，利用色彩组合间的绚丽使画面呈现出朦胧、迷幻的视觉氛围，同时使观赏者感受到眩晕，并对版面留下深刻的印象。

──── 图片解析 ────
❶将大量高明度、高纯度的色彩搭配在一起，使画面表现出令人眩晕的迷幻效果。
❷将面中具有对称性的图形要素，通过进行的排列来增添版式的秩序感。

图片解析

❶设计者采用大量偏暖的深色调来调配背景与人物，从而营造出版面的复古感。
❷通过堆满干柴的画面，在视觉上带给观赏者以新奇的视觉感受。

2. 复古

复古是一种特殊的版式风格，它能勾起观赏者的回忆并引起对方在心理上的共鸣感。在版式设计中，通过采用大量的深色来对画面进行渲染，利用深色系与生俱来的低沉与稳健，帮助版面塑造怀旧、复古的视觉氛围。

3. 温馨

在版式的配色法则中，通过在版面中使用大量的暖色组合来加强版面对安全感的塑造，从而营造出温馨的感觉。具有温馨效果的版式能利用视觉刺激，起到抚慰心灵的作用。这类色彩常被用在以家庭、公益等元素为主题的设计领域。

图片解析

❶以黄色系为主的版面配色，在视觉上带给观赏者一种温馨、安宁的心理感受。
❷设计者借助心形的图形要素，以强化版面的视觉氛围。

4. 华丽

色彩的华丽感与色彩的明度及纯度有关，在版面中采用明度与纯度值均偏高的色彩时，画面整体就会因艳丽的色彩关系而呈现出富贵、华丽的视觉效果，通过该配色关系可以提升版面整体的审美价值。

—— 图片解析 ——
❶将鲜艳的色彩以放射的方式呈现在画面中，从而赋予版面以华丽、艳美的视觉效果。
❷利用光束中的红色与绿色在视觉上的对比性，赋予版面以强烈的刺激性。

5. 朴素

为了营造朴素的版式氛围，可以通过在版面中加入适量的低纯度、低明度的色彩组合来降低画面整体的艳丽感，使版面呈现出稳重、淡雅的视觉氛围，同时带给观赏者以柔和、自然的感觉。

—— 图片解析 ——
❶将人物要素与背景均配以低纯度、低明度的色彩，从而打造出朴素的视觉氛围。
❷设计者利用逗趣的人物造型，勾起观赏者对版面的感知兴趣。

6. 浪漫

在版式的配色设计中，通过采用明度较高的一类色彩，如粉红、淡紫等色彩，来打造柔和、典雅的视觉氛围，使画面呈现出浪漫的情调，并带给观赏者以无限的遐想。

┌─ 图片解析 ─┐
❶利用不同明度的粉红色来渲染版面，使其展现出温馨、浪漫的氛围。
❷设计者通过心形的图形要素来增强版面中浪漫主题的表现力。

7. 时尚

在版式的配色设计中，设计者通过鲜艳的色彩组合能营造出热辣、张扬、感性的视觉氛围，并以此带给观赏者一种充满时尚感的印象，同时使版面整体的视觉效果也变得更加动感与丰富。

┌─ 图片解析 ─┐
❶将鲜艳的红色作为人物与背景的配色，从而打造出火辣、时尚的版面氛围。
❷为人物的视线朝向预留充足的版面，使版面表现出强烈的空间感。

8. 悬疑

在版式的配色设计中，将版面中主体物与背景的色彩明度调低，并在画面中尝试使用大量的黑色，通过这些配色手法来共同营造充满悬疑感的视觉氛围。与此同时，由于色彩明度过低的缘故，使得版面中视觉要素的可识别度变低，这种模糊不清的画面反而能勾起观赏者想要了解主题信息的兴趣。

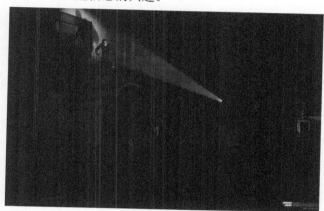

— 图片解析 —
❶运用大量的黑、灰色调来降低画面的可见度，以营造出悬疑的视觉氛围。
❷利用简单的说明文字来表述主题信息，同时帮助观赏者理解该则广告创意的含义。

9. 严肃

设计者刻意降低版式配色的明度与纯度，以此大大降低色彩的活泼感与跳跃感，从而营造出严肃、紧张的视觉氛围。在版式设计中，通过该类配色组合，可以使观赏者感受到一种庄重感，并以心平气和的方式来浏览画面信息，从而进一步提高主题的传播效力。

— 图片解析 —
❶在背景与主体物上使用了大量的灰冷色调，以营造出凝重、肃穆的视觉氛围。
❷通过简明易懂的表现手法，以直观的角度再现了该产品的功能特色。

10．神秘

在日常生活中，冷色调的事物往往能给人以幽静、深远的视觉感受。将低纯度的冷色调调配到版面中，如深蓝色、深绿色和深紫色等，以营造出沉稳、冷漠且富有神秘感的画面氛围，同时使观赏者被该氛围所吸引，并受到好奇心的驱使而对画面展开深入的了解。

图片解析

❶设计者运用大量的冷色调，以帮助版面营造出充满神秘感的色彩氛围。

❷将局部背景的明度调低，使画面配色的神秘氛围得到进一步加强。

11．稳重

在版式设计中，每种色彩所营造的视觉氛围都是不同的，如冷色、灰色及暗色能给人以庄严肃穆的感觉，而庄重感的配色适用于那些具有严肃感的版式题材，从而表现出成熟、老练的画面效果，并使观赏者对画面产生敬畏的情感。

图片解析

❶将主体物配以偏灰的黄色调，使该要素展现出成熟、稳健的视觉形象。

❷设计者刻意采用黑色调的背景画面，从而使版面整体的凝重感得到增强。

法则2 利用无彩色打造具有深度的版面效果

无彩色是指除去有彩色以外的其他色彩。在版式设计中最常见的无彩色有 3 种，它们分别是黑、白、灰。虽然无彩色没有被包含在可见光谱中，但在情感表达方面它们都具有完整的色彩性质，并具备风格迥异的视觉特征，因此它们在版式设计中的应用也是十分广泛的。

1. 黑色

黑色的定义是没有任何可见光进入视线范围，或者说由于颜料吸收了所有的可见光，因而给人的感觉是黑色。黑色容易使人联想到夜晚、宇宙等元素，因此黑色常给人以深邃、宁静、严肃的视觉感受。

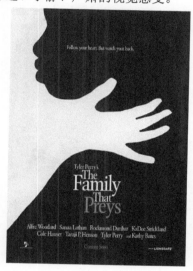

— 图片解析 —
❶将画面中的主体人物配以纯黑色，使该要素在视觉上呈现出沉稳感。
❷利用共生图形在结构上的趣味性来提升画面的设计感。

2. 白色

白色的定义与黑色恰好相反，它包含了光谱中所有光的颜色，也因此被称为"无色"。白色是一种明度非常高的无彩色，它在版式设计中有着非常广泛的象征意义，如贞洁、雅致和高雅等。除此以外，白色的背景还能突出主体物的视觉形象。

— 图片解析 —
❶将背景画面平涂为白色，从而赋予画面纯净、优雅的视觉氛围。
❷利用白色的背景画面来突出主体物在版面中的视觉形象，以此来吸引观赏者的视线。

3. 灰色

灰色是介于黑色与白色之间的一种色彩，在无彩色中，大部分的色彩都属于灰色。值得一提的是，灰色不具备纯度与色相，而只存在明度。在情感表述上，灰色兼顾了黑色与白色两者的基本特征，因此它总能带给人以细腻、柔美、含蓄的视觉印象。

图片解析

❶画面中的配色以不同明度的灰色调为主，通过色彩间缓和的渐变关系，营造出充满细腻感的视觉氛围。

❷利用香烟堆砌成的意象化图形，使版面主题表述得既生动又形象。

在色彩设计中，无彩色时常以组合的方式被运用到版式设计中。由于黑色与白色是该系颜色中的两个极端，因此它们具有鲜明的视觉表现力，而灰色在其中除了能起到过渡的作用外，还能维持画面的平衡感，使版式呈现出相对舒适、缓和的视觉效果。

图片解析

❶将无彩色进行搭配，利用过渡自然的配色关系，打造出极具和谐感的画面效果。

❷运用虚拟的翅膀元素，从正面反映出以科幻为主题的版面信息。

<table>
<tr><td>**7.3**</td><td>色彩与我们的生活息息相关,学会色彩的搭配法则将对我们的鉴赏与设计能力有很大的帮助。</td></tr>
</table>

常见的 5 种色彩搭配法则

在版式的配色过程中,色彩组合不仅能渲染画面的视觉空间,使主题变得更加鲜明与生动,同时它还能通过组合色彩相互间的对比与调和作用来提炼版式中的配色基调,带给观赏者以非凡的视觉享受。

色彩的组合方式种类繁多且各具特色,最常见的搭配有同类色、类似色、邻近色、对比色和互补色。

法则1 　同类色搭配

同类色是指拥有相同色相的一类色彩,该类色彩在色相上的差别是非常微弱的,我们主要通过明度上的深浅变化来对同类色进行辨识与区分。

1. 同类色对比

在版式中采用同类色组合,为了加强画面中的对比度,可以适当地在画面中增加一些该种色彩的过渡色。通过这种方式不仅能营造出单纯、统一的画面效果,同时还能使版式的色调变化变得更为丰富与细腻。

图片解析

❶将明度差异较大的同色系色彩调配到版面中,以丰富版式的配色关系。

❷将说明字体摆放在视图的底部,以引起观赏者的注意,从而增强文字的传达能力。

2. 同类色调和

调和，顾名思义就是降低同类色间的对比性。通常情况下，可以采用明度值相近的同类色来进行版式搭配，利用色彩间微弱的明度变化来打造和谐、统一的视觉氛围。除此之外，还能使版式中的主题得到突出与强调。

---图片解析---

❶降低色彩间的明度差异性，通过调和同类色来打造和谐共生的视觉空间。

❷拟人化的动物造型，在视觉上给人以新鲜、逗趣的心理感受。

法则2 类似色搭配

类似色是指色相环上相连的两种色彩，如黄色与黄绿色、红色与红橙色等。类似色在色相上有着微弱的变化，因此该类色彩被放在一起时很容易被同化。但相对于同类色来讲，一组类似色在色相上的差异就变得明显了许多。

1. 类似色对比

为了在版式中有效地区分类似色彩，可以在该组色彩中间加入无彩色或其他色彩，以制造画面的对比性。通过这种方式不仅能有效地打破类似色搭配所带来的呆板感与单一性，同时还能赋予版面以简洁的配色效果。

---图片解析---

❶利用色彩勾边来增强背景与文字上的色彩对比，同时打破单一的色彩格调。

❷渐变的配色方式赋予了字体金属的质感，同时还提升了版面的跳跃感。

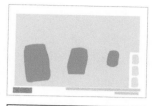

2. 类似色调和

由于类似色在色相上存在着较弱的对比性，因此通过使用类似色搭配，可以帮助版面营造出舒适、淳朴的视觉氛围，同时利用该画面效果，还能带给观赏者以深刻的印象。

─ 图片解析 ─

❶利用类似色在色相上的弱对比效果，打造出平缓、低调的视觉氛围。

❷将主体物以水平渐变的形式进行排列，以增强版面的秩序性。

法则3 邻近色搭配

通常情况下，将色相环上 60°～90° 之间的色彩称为邻近色，如橙黄色与黄绿色就是一对邻近色。相对于前两种色彩搭配来讲，邻近色在色相上的差异性是最大的，因此该类色彩在进行组合时，所呈现出的视觉效果也是十分丰富与活泼的。

在版面的配色过程中，为画面融入适量的邻近色，可以使画面体现出柔美别致的一面，同时还可以使版面的艺术性得到提升，给观赏者留下亲切的视觉印象。

─ 图片解析 ─

❶利用两组邻近色在色相上的对比效果，来赋予画面柔和、美妙的视觉氛围。

❷将光束元素以对立的方式进行排列，从而在形式上加深了邻近色的对比性。

法则4　对比色搭配

通常情况下，将色相环上间隔 120° 左右的两种色彩称为对比色，常见的对比色有蓝绿色与红色等。对比色在色相上有着明显的差异性，在版式设计中，配合主题合理地将对比色进行组合与搭配，可以使画面展现出鲜明、个性的视觉效果。

1. 强对比

对比色本身具备较强的差异性，为了在版面中加深它们之间的对比性，可以适当地提升色彩的纯度与明度，或扩大对比色在版面中的面积，通过这些方式来加强对比色的冲击力。

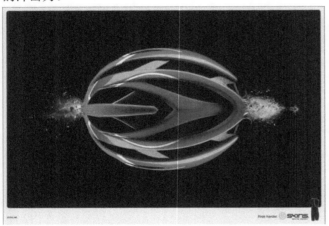

图片解析
❶通过提高色彩的纯度与明度来加强版面中色彩间的对比性。
❷设计者利用纯黑色的背景配色来突出主体物上有彩色的视觉形象。

2. 弱对比

将对比色的纯度或明度调低，可以有效地减弱色彩间的对比性。除此之外，还可以在对比色间加入渐变色，利用渐变色规则的变化性来缓解对比色的刺激效果，使画面变得更加自然、和谐。

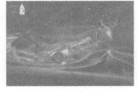

图片解析
❶通过降低色彩间的明度来削弱色彩间的对比性，使画面显得格外和谐。
❷利用具有象征性的图形组合来形象地表现版面的主题信息。

法则5　互补色搭配

　　互补色是指在色相环上间隔夹角为 180° 左右的一对色彩，常见的互补色有红与绿、黄与紫，以及蓝与橙 3 种。在色彩搭配中，补色的对比性是最强的，因此将互补色组合在一起可使版面产生强烈的视觉冲击力。为了更好地发挥互补色的作用，应根据主题的需要，以此为根据对补色进行适当的加强与调和处理。

1. 强对比

　　互补色是一对具有强烈刺激性的配色组合，它在视觉上能带给人冲击感。在版式的配色设计中，利用补色间的强对比性，可以打造出具有奇特魅力的视觉效果，同时给观赏者留下非常深刻的记忆。

──── 图片解析 ────

❶分别将红色与绿色的明度调高，以增强互补色间的对比性。

❷利用充满设计感的图形元素来增添版面的趣味性，同时引发观赏者的感知兴趣。

2. 弱对比

　　在一幅平面作品中，过于强烈的补色组合会使人的视觉神经产生疲劳感，甚至影响版面的信息传递。对色彩进行调和的目的就在于缓解画面的冲击感。所谓弱对比，是指通过特定的表现手法来降低补色间的对比性。常见的调和方法有减少补色的配色面积，或直接降低色彩的纯度与明度等。

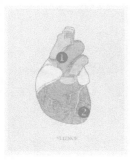 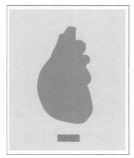

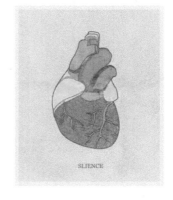

──── 图片解析 ────

❶将该组补色的纯度降低，以达到削弱互补色刺激性的目的。

❷利用简单的版式结构，使版面中的主体物得到突出表现。

综合案例解析

利用丰富的配色效果打造绚丽的海报版面

本章以版式设计中的配色机制为主，其主要内容有版式配色的设计原则、色彩组合带来的不同版式风格等。为了加深大家对所学知识的认知，我们精心挑选了一幅优秀的平面作品，希望大家通过借鉴画面中的配色关系来提升自身的设计水平。

① 深色背景

② 色彩互补关系

③ 丰富的色彩搭配

④ 字体配色

❶ 深色背景

设计者刻意采用黑色作为版面的背景色，利用无彩色的低沉感来降低画面的艳丽度，从而起到调和版面的作用。

❷ 色彩互补关系

利用互补的配色关系来表达海报中对立的人物关系，同时还借助互补色的刺激性效果来加强版面的视觉表现力。

❸ 丰富的色彩搭配

将版面中的主体人物配以不同色相的色彩，利用多彩色在视觉上的绚丽感，打造出激情四射的画面效果。

❹ 字体配色

运用明朗的黄色来调配字体，以突出文字的视觉形象，并有效地吸引观赏者的注意，从而提高文字的表现力。

第8章

不同的版面构成法则决定不同的版式形式

◆ 如何使版面结构恰到好处

◆ 运用多种构成法则展现版式的多样变化

8.1

如何使版面结构恰到好处

当我们在进行版式设计时，为了使版面更加准确、迅速地传递主题信息，通常会采用与该版面风格相对应的版式形式来进行编排，以通过具有针对性的编排手段使版面结构达到恰到好处的位置。

在实际的设计过程中，不同的版式在表现手法及版面效果上都有自身的规律性，应根据主题需求的不同，为作品选择正确的表达方式。

法则1 满版型构图使版面更加饱满

在版式设计中，将图片元素填满整个版面，以此构成满版型的构图效果。满版型构图的侧重点在于，以传递图片信息为主，且主要图形的排列位置已被确立，所以可以通过改变文字的摆放位置来改变版式的布局与结构，并根据文字排列方式来打造不同的版面氛围。

1. 上下排列

所谓上下排列，是指在满版型构图中，将文字摆放在视图的上方或下方，以使画面产生不一样的视觉效果。例如，将文字摆放在视图上方，就会带给观赏者以视觉的积极感；而将其摆放在视图下方，就会使画面产生下沉的视觉效果。

图片解析
---

❶利用满版型的图片样式，为观赏者提供具有冲击力的视觉信息。

❷将文字信息排列在版面的下方，使画面产生一种微妙的下坠感。

2. 左右排列

在满版型的版式结构中，将文字信息编排在版面的左方或右方，以打造出风格迥异的版式效果。当将文字摆放在左方时，就会营造出相对舒适、自然的视觉空间；当将文字信息摆放在视图的右方时，版面就会呈现出一种不自然的布局样式，从而给观赏者留下深刻的印象。

┌─── 图片解析 ───
❶利用满版型的版式结构，从排版上强调该图片的内容信息。
❷将文字摆放在视图的左侧，以迎合观赏者的阅读习惯，从而给观赏者留下好的印象。

3. 中心排列

将文字信息摆放在画面的中央，以达到引起观赏者注意的目的，同时结合满版图片的内容信息，利用图文并茂的表述方式，有效地加深观赏者对版面的认知深度，并提高版面传达主题信息的效力。

┌─── 图片解析 ───
❶通过大篇幅的图片样式，生动地表达出该版面的主题信息。
❷将标题性文字摆放在视图的中央，以引起观赏者的高度注意。

4．组合排列

文字的组合排列是指将文字的上下、左右排列以组合的形式编排到版面中，以丰富版式的布局样式，从而带给观赏者一种富有表现力的视觉印象。需要注意的是，文字编排的样式不能过于复杂，否则就会影响图片的表现。

图片解析
❶设计者在版面中采用满版型的构图样式，以求在视觉上增强画面的表现力。
❷将字号不同的文字分别摆放在版面的不同区域，从而构成主次分明的版式效果。

法则2　分割型构图合理划分版面内容

将一个完整的版面通过切割的方式分成几个不同区域，以构成分割型构图的样式。分割是版式设计中最为重要的编排手法之一，利用不同的分割方式可以打造出风格迥异的版式效果。常规的分割方式有 5 种，分别是等形分割、比例分割、自由分割、纵向分割和横向分割。

1．等形

所谓等形分割，是指分割后的版块在大小与外形上完全相当。通过该种分割方式将版面划分为外形上完全一样的版块区域，利用严谨的布局结构，使画面呈现出非常干净、整齐的视觉效果，同时留给观赏者积极的印象。

图片解析
❶通过等形分割，构成极具严谨感的版式结构，同时折射出编者的专业精神。
❷将图片与文字以一一对应的形式进行排列，从而增强版式布局的规范性。

2. 比例

比例分割是指将版面按照有规律的方式进行切割，切割所得的版块在外形或大小上存在一定的比例关系。通过该类分割手法，可以使版面结构在布局上充满秩序感与条理性，同时带给观赏者以强烈的视觉空间感，并对版面留下深刻的印象。

图片解析

❶利用等比例分割的编排手法，使画面呈现出具有规律感的视觉效果。

❷利用高清晰度的图片元素，以极其生动的方式向读者传达体育信息。

3. 自由

顾名思义，自由型分割就是对版面进行无规则、无要求的分割。该类分割方式不受任何约束，因此进行自由型分割的版面往往能在视觉上带给人以洒脱、活泼的版式印象。

图片解析

❶通过自由分割方式，将版面划分成不同大小的区域，利用这些面积不同的区块组合，使画面呈现出张弛有度的视觉效果。

❷将去底与非去底图片以组合的方式排列在一起，使版式结构显得灵活、多变。

4．纵向

所谓纵向分割，是指以画面中的垂直线为基准，利用该线条将版面分割成两半。纵向分割的版面通常会出现两种情况，一种是左文右图，该种分割结构会使人产生先读文字再看图片的视觉流程，使文字与图形都得到了较好的表现，从而提高了版面的可读性。

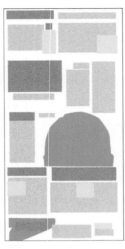

图片解析

❶运用左文右图的编排样式，使文字与图片的注目度均得到有效提高。

❷版面中充斥着不同字号的文字样式，利用这些文字在大小比例上的对比效果，使版面呈现出张弛有度的编排效果。

纵向分割的另一种版式情况就是左图右文。该类布局方式从视觉流程上讲，以展现图形元素为主。除此以外，还可以利用左右分割的版式结构，使图形与文字间形成强弱对比关系，以提升版面的活跃感，从而打造出极具个人特色的版式效果。

图片解析

❶通过左图右文的分割形式来强调图片的内容，同时吸引观赏者的注意。

❷将图形元素插入到文字的阵列中，以打破纯文字编排带来的枯燥感。

5. 横向

所谓横向切割，是指在水平方向上将版面分割成上下两个部分，并将文字与图形填充到指定的区域中。横向分割会将版面划分成两种情况，首先是上图下文的形式。根据人的阅读习惯，在接触到该类版式结构时，会产生从图形到文字的视觉流程，利用直观的图形内容使观赏者对版面产生兴趣，并进一步提升文字信息的表述能力。

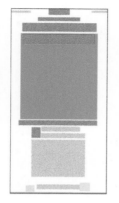

──── 图片解析 ────
❶通过上图下文的版式布局，使版面呈现出舒适、自然的视觉效果。
❷利用首字突出的编排样式，强调该段文字在版面中的视觉形象。

横向分割的另一种情况即是上文下图。由于上文下图的分割形式使得文字信息得到了突出表现，因此设计者通常会将标语或概括性的语句摆放在上方，通过简洁明了的文字信息，打造出具有生气的版式效果。该类版式构图通常被运用到杂志封面、海报宣传等平面设计中。

──── 图片解析 ────
❶运用硕大的文字字号来强调标题在版面中的重要性。
❷利用上文下图的分割形式，达到强调标题内容的目的。

法则3　对称型构图使版面合理化

在平面构成中，将版面中的视觉要素以中轴线（或其他参考轴线）为轴心进行上下、左右、对角对齐，从而形成对称构图形式。对称型构图同样是版式设计中常见的构图形式，该类别构图的特点在于，它能使画面表现出和谐、庄严、统一的视觉效果。

1. 水平对称

在版式设计中，设计者将视觉要素以中心线为轴，而将画面元素进行水平对称式排列，可以使视觉要素集中在一起，同时，将版面中的重要图形施以水平走向进行对称式排列，在加强图形组合间的和谐感之余，提升了这些图形在版面中的表现力。

图片解析

❶将画面中的3幅图片以水平对称的方式进行排列，打造出极具规范感的版式效果。

❷利用空旷的背景画面来提高版式空间的流动性，并有效地减轻了视觉压力。

2. 垂直对称

在报纸、杂志或书籍等平面设计中，由于这些版面中经常充斥着大量的视觉信息，为了打造出具有统一感的版式结构，通常会采用文字对齐的编排方式。利用规整的版式布局，可以提升读者对画面信息的信赖感，从而提高版面传达信息的能力。

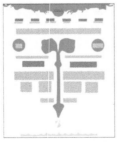

图片解析

❶将图形元素排列成水平对称的样式，以强调版式的统一性。

❷将版面中的部分文字以水平对称的形式进行布局，通过该排列方式使画面呈现出平静、缓和的视觉效果。

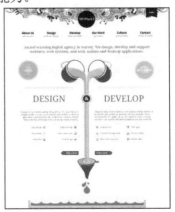

8.2

设计领域中的构成样式是极其丰富的，正确地理解版式主题能方便我们选择正确的构成样式。

运用多种构成法则展现版式的多样变化

在版式设计中，编排的类型可以决定一个版面的视觉风格，也就是说同一个版面，如果选择了不同的构成法则，那么画面最终所呈现出的效果也是不同的。

这些构成法则有着各自不同的特色，有的给人以直观、明朗的感觉，而有的则呈现出婉约、含蓄的视觉效果。所以，为了方便今后更好地使用这些构成法则，首先需要了解的就是它们的编排形式和设计规律。

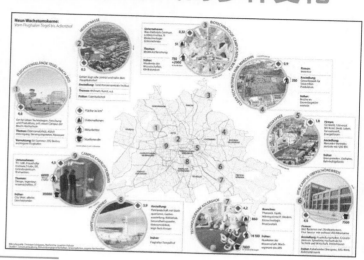

法则1　倾斜型构图赋予版面运动感

倾斜型构图的编排形式主要表现为，将版面中的主体要素或多个辅助要素做斜向排列。在实际的编排设计中，倾斜型构图主要分为两种，一种是画面中所有要素做整体的倾斜排列，另一种则是画面中部分要素做倾斜排列。随着样式的改变，倾斜构图所带来的视觉效果也是不同的。

1. 整体倾斜

在版式设计中，将版面中所有的视觉要素以统一的倾斜角度进行排列，利用版面整体的倾斜效果，使版面产生一种重心不稳定的视觉效果，并带给观赏者以视觉上的冲击感。通过倾斜型的构图方式可以打破常规的构图格局，同时使版面具有了活力。

───── 图片解析 ─────

❶将标题、图片和文字等元素均以倾斜的方式进行排列，从而打造出统一的版式效果。

❷图片要素在排列上呈梯状，使版面呈现出富有节奏感的视觉效果。

2. 局部倾斜

其次是将版面中的部分视觉要素做倾斜式的排列。通过这种编排手法，可以使画面中斜向与非斜向排列的要素在编排方式上形成鲜明的对比效果，并利用编排上的差异感，使画面表现出一种强烈的视觉动感。

图片解析

❶将图片要素进行倾斜式排列，以打破常规的排列格局，从而带给观赏者以新奇感。
❷通过倾斜与非倾斜图片在视觉上的差异性，来增强版式编排结构的趣味感。

法则2 放射型构图使版面更具冲击力

放射是指某个物体从一点开始向四处扩散的现象。将放射的概念注入到版式设计中，通过该种排列方式，使版面呈现出类似于环状的放射性效果，从而提高版式布局的活跃性。

1. 规则型放射

在实际的编排过程中，根据不同的排列方式，将发射型构图划分为两种形式，一种是规整型放射。该类放射排列方式主要表现在，将版面中的视觉要素以同一个轴心进行有目的性的旋转排列。通过这种排列方式，使版面最终呈现出类似圆环状的版式效果。

图片解析

❶运用放射型的编排样式来增强版面的视觉张力，同时带给观赏者以深刻的印象。
❷将文字信息以散构的方式进行排列，通过填充版面空间来强调画面的整体感。

2．不规则型放射

根据排列方式的不同，还有一种构图方式，称为不规则型发射构图。在该类构图方式中，由于主要的视觉要素沿着不同的轴心进行排列，使版面呈现出凌乱、无序的视觉效果，同时带给观赏者以视觉上的冲击感，并使其对版面本身产生深刻的记忆。

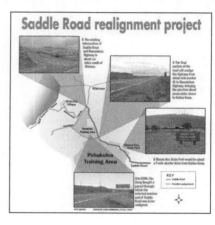

图片解析
---

❶设计者刻意按照不同轴心进行放射型编排，利用无序的排列样式使画面呈现出别具风格的视觉效果。

❷为每个图片都配上详细的文字说明，以帮助观赏者理解版面的主题内容。

法则3　三角形构图使版面更加稳固

三角形构图又称金字塔形构图，在众多几何图形中，三角形是唯一在结构与样式上都最具有稳定性的图形。人们根据对几何图形的了解与认识，随后将其融入到版式的编排设计中，从而打造出稳定感十足的版式结构。

1．正三角

三角形构图通常分为两种，即正三角形与倒三角形构图。在版式设计中，正三角形构图是最具稳定性的，当我们将画面中的视觉要素排列成该构图样式时，形成的上尖下宽的版式结构就会带给人一种十分稳固、踏实的视觉感受。

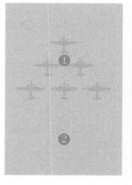

图片解析
---

❶将图形排列成正三角的阵列样式，通过该组合元素来提升版面的平稳感。

❷利用主体物与背景在配色上的类似效果，打造出极具统一感的版面效果。

2．倒三角

另外一种三角形构图方式则称为倒三角形构图。它与之前讲到的正三角形构图在排列形式上恰好相反，它的编排结构主要呈现为上宽下尖。因此，当这类编排样式被应用到版式设计中时，就会使版面呈现出重心不稳的视觉效果。

图片解析
❶通过上宽下尖的倒三角形排列，使版面呈现出重心不稳的画面效果。
❷将三角形图形进行重复排列，以加强该要素在版面中的视觉表现力。

法则4　四角形构图体现实用且规整的版面效果

在版面中的四角分别摆放上视觉要素，摆放的对象可以是文字也可以是图形，而其他要素则放置在画面的中央，此时所构成的版式格局就是四角形构图。该类构图方式的特点是，排列结构十分严谨，版式整体的布局也显得格外规范有度。

四角形构图的表现方式可以是在 4 个角上分别安排视觉要素，也可以在连接版面 4 个角的对角线上编排相同类型的视觉元素。利用该类构图方式，将观赏者的视线集中在版面的 4 个角或其他部分，以突出版面中的主题信息。

 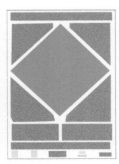

图片解析
❶将文字要素摆放在版面的四角，从而赋予版面以强烈的视觉张力。
❷利用四角形编排形式来突出位于版面中心的图片要素。

法则5　曲线形构图增添版面流畅性

在平面构成中，曲线是一种在结构上极不稳定的版式要素，将曲线与版面构图结合在一起，以增强编排结构的变化性与韵律感，同时还可以丰富版面的内部结构，带给观赏者视觉上的冲击感。

1. 规则曲线

所谓规则曲线，是指平面设计中常见的几种几何图形，例如圆、椭圆等都属于规则的曲线。将版面中的部分视觉要素，包括文字与图形，以规则化的曲线轨迹进行排列，通过环状的编排布局来增添画面的圆润感，从而带给观赏者以亲和力。

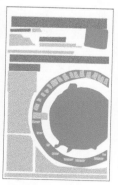

┌─── 图片解析 ───┐
❶利用规则的曲线形编排样式，使画面传达出圆润、饱满的版式印象。
❷设计者通过圆环状的编排结构来提升版面中人物的视觉形象。

2. 不规则曲线

不规则的曲线是指在编排方式上没有任何限制与要求，完全是随机性的排列轨迹。该类编排结构在布局上具有强烈的灵活性，对于观赏者来讲，它具有新奇感，因此，可以通过不规则曲线构图样式来唤起观赏者对版面的感知兴趣，从而进一步推广主题信息。

┌─── 图片解析 ───┐
❶将版面中的文字与图形按照曲线的轨迹进行排列，凭借不规则曲线在结构上的随意性，使版式结构呈现出强烈的活跃感。
❷利用外貌独特的人物要素来提升版面的趣味感，从而吸引观赏者的注意。

法则6 对角型构图展现版面个性风采

　　对角型构图的排列法则主要表现为，以版面中的某个点或某条线为基准，将视觉要素分别放置在该参照点或线的两端，形成对角对称的排列形式。利用规整的排列样式，可以打造出具有严谨性的版式结构，值得注意的是，进行对角对称排列的要素可以是单独的文字、图形或者图文组合。

　　将版面中单独的文字或图形进行对角型排列，以提升该视觉要素的视觉形象，并从形式上将两者串联在一起，使两部分内容都得到强调。通过该构图方式可以提高文字或图形的表现力，并使版面主题得到有效推广。

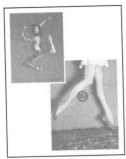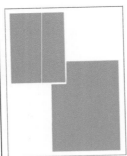

图片解析

❶将版面中的图片以对角对称的方式进行排列，从而在编排上增添了画面的美感。

❷利用黑白图片与彩色图片在配色上的对比效果，使画面营造出别致的视觉氛围。

　　另外，将文字与图形以组合的方式进行对角排列，不仅能打造出版式结构的趣味感，同时还能增加观赏者对版面的感知兴趣。此外，还可以采用无序的编排方式来打破对角型构图在排列形式上的规整感，从而留给观赏者一种极具个性的版式印象。

图片解析

❶图形与文字分别以对角对齐的方式进行排列，从而加强版式结构的统一感。

❷运用首字突出的编排手法来强调文字信息在版面中的重要性。

法则7 重叠型构图增强版面层次感

　　将画面中的视觉要素以叠加的形式进行排列，以此形成具有空间错落感的版式效果。将版面中的文字和图形以叠加的方式组合在一起，可以使画面呈现出强烈的变化感与层次感。需要注意的是，根据重叠方式的不同，版面所呈现的视觉效果也有所不同，在实际的编排过程中，我们将重叠型构图划分为两种，一种是二维重叠，另一种是三维重叠。

1. 二维重叠

　　所谓二维重叠，就是指将版面中的视觉要素在平面空间上做重叠排列。常见的编排方式有图形与图形重叠、图形与文字重叠，以及文字与文字的重叠 3 种。通过将这些要素进行重叠排列，使版面形成整合的布局结构，从而增强了图形与文字或图形与图形之间的关联感。

图片解析

❶将文字与图片以二维重叠的方式排列在一起，加强了两者在空间上的关联性。

❷图片与文字的叠加中加入了字母图形，使图片呈现出若隐若现的视觉效果。

2. 三维重叠

　　三维重叠型构图的排列方式主要表现为，将主体物在立体空间中做重叠排列。通过该编排手法可以使画面表现出强烈的透视性，并在视觉上带给观赏者以空间的延伸感。

图片解析

❶将主体物以三维叠加的方式摆放在版面中，从而带给观赏者强烈的透视感。

❷通过为版面加入立体化的文字效果，以加强画面在空间上产生的延伸感。

法则8　聚散型构图体现张弛有度的版面印象

在平面构成中，版式的"聚"与"散"是两种相对立的概念，将画面中的视觉要素集中在一块区域，即可形成"聚"的视觉效果，而将视觉要素以分散的状态进行排列，就会使版面呈现出"散"的效果。同一版面中，可以通过改变视觉要素的聚散程度来打造出风格迥异的版式效果。

所谓聚散型构图,是指通过对视觉要素进行有规律的排列组合,使其在布局结构上呈现出疏密有致的视觉状态。在聚散型构图的编排设计中,当以排列中的"聚"为侧重表现时,此时版面就会形成固定的视觉重心,并通过该视觉重心来引起读者的注意。与此同时,借助由散到聚的排列方式还能使版面形成单向的视觉流程,从而赋予画面以肯定的视觉效果。

— 图片解析 —
❶通过对图形进行高密度的排列方式，以增强版面的视觉凝聚力。
❷设计者利用聚散式的布局结构，使版面产生向上的视觉牵引力。

在版式设计中,若将排列形式的"散"作为主要表现对象,版面结构就会显得十分松散且没有视觉集中点。通过该种排列方式,可以将观赏者的视线分散到版面的各个角落,从而强化版面在综合表现上的能力。

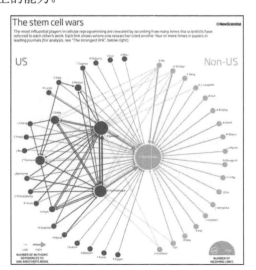

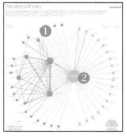

— 图片解析 —
❶将文字信息以小点的形式排列到版面中，使画面呈现出散构的版式效果。
❷运用聚散型构图赋予画面以饱满感，使版面传达信息的能力得到强化。

法则9　自由型构图强调版面的设计感

　　所谓自由型构图，是指在版面中采用无规律的手法将图片、文字或其他与主题有关联的视觉要素进行排列与组合。该类构图没有任何设计法则或固定的模式，在编排结构上具有强烈的随机性，因此这类构图样式往往能反映出一个设计者的个人表现能力。

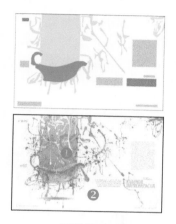

　　自由型排列根据版式结构的不同主要分为两种，一种是疏散型自由编排，另一种是密集型自由排列。该类编排方式注重的是排列结构的宽松感，因此版面上存在的视觉要素是相对较少的。为了使画面结构不显得过于松散，在编排时应当注意图形与文字在格局上的关联性。

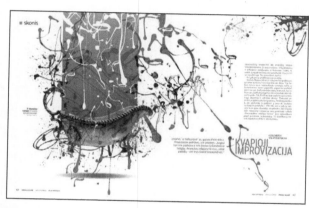

---图片解析---

❶运用自由的编排形式，打造出个性化的版面效果，同时留给观赏者强烈的印象。

❷为版面进行留白处理，利用宽敞的版式空间来提升版面整体的意境感。

　　自由型构图追求的是编排方式上的随意性，当画面中的视觉要素过多时，可以选择密集型自由编排方式。通过平均分配图形与文字要素，打造出版式的饱满结构，同时也避免了因要素过多而造成版面布局的零散与紊乱。

---图片解析---

❶将版面中的图形与文字以自由的形式进行排列，使画面呈现出版式的凌乱美。

❷通过刻意的排列方式来保持要素间的关联性，有效地避免了版式排列的紊乱。

法则 10　L 形构图打造和谐共生的版式效果

　　将版面中的文字或图形以字母"L"的样式进行排列，以此构成 L 形的构图效果。在 L 形构图的编排设计中，根据组合方式的不同，将其划分为两种类型，一种是图形环绕文字，另一种是文字环绕图形，不同的类型可以使版面呈现出不同的视觉氛围。

　　将版面中的文字段落以字母"L"的样式进行编排，以此形成文字环绕图片的排列效果。在版式设计中，通过这种排列方式可以使版面中的图片部分得到突出，并使观赏者将注意力集中在图片上，从而对版式内容产生兴趣。

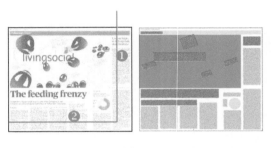

― 图片解析 ―

❶利用 L 形构图手法编排出文字绕图的版式效果，并通过该版式来加强图片的表现力。

❷将文字信息以规整的形式进行排列，使版式在结构上显得规范有度。

　　将版面中的图片要素以字母"L"的样式进行排列，从而形成图片环绕文字的版式格局。利用该类排列方式，可以在排列形式上强调文字信息的重要性。与此同时，大篇幅的图片板块还能为观赏者提供丰富的版面信息。

― 图片解析 ―

❶将图片以 L 形的方式进行排列，以此在版面中构成图片环绕文字的编排形式。

❷位于视图左下方的文字段落，在饱满的排列环境下给人一种风味独特的视觉感受。

法则 11　组合型构图打造华丽的版面印象

　　将编排样式以组合的形式投入到版式设计中，使不同编排类型的特色被综合到一起使用，从而打造出具有华丽视觉效果的组合型版式结构。在实际的版式设计中，编排设计常以组合的形式出现，为了打造出理想的版式结构，应当根据主题要求以合理的方式去选择编排的组合形式。

　　满版型与对称型构图的组合，前者在版式结构上显得大气和不拘小节，但在细节的处理上不够理想，因此就使画面显得单调且没有生气，这时可以为版面加入对称型构图，通过对称式的排列结构来增强版式的跳跃感，从而赋予版面以活力。

图片解析
❶将大规格的图片要素作为该版面的背景，从而提升主体人物的视觉形象。
❷通过左右对称式的图形排列，使版面表现出十足的均衡感。

　　在版式设计中，组合型的构图方式是很常见的，通常我们会选择两个在形式上具有互补关系的构图方式，利用对方的特点来弥补己方版式上的缺陷。举例来讲，将自由型构图与对称型构图组合在一起，通过前者的随机性排列来打破单一的版式格局，随后利用对称式排列的整洁格调来避免排列方式变得过于散乱。

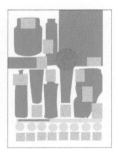

图片解析
❶通过自由的图文排列方式，打造出饱满且整洁的版式效果。
❷将视觉元素以对齐的方式进行排列，以帮助版式维持视觉的平衡感。

组合型构图在排列形式上具有互补性，此外，为版面加入不同类型的构图方式还能起到提高版面注目度与烘托主题的作用。例如，将等形分割构图与倾斜构图结合在一起，利用等形分割将版面中的区域划分为同等比例的大小，使版面在布局上显得格外严谨，稍后运用局部倾斜的构图方式来打破规整的版式格局，以此带给观赏者眼前一亮的视觉印象。

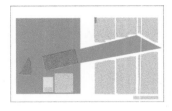

― 图片解析 ―

❶运用等形分割将文字区域分成规整的3部分，以此构造出和谐的版式空间。

❷运用局部倾斜的排列样式，赋予画面视觉上的冲击感，同时留给观赏者深刻的印象。

将构图形式组合在一起的目的是，使版面的传达能力得到增强，因此在选择组合类型时，还要考虑这些构图方式的共同点是否具有一致性。例如，L形排列与叠加排列在表现形式上都是以突出某个视觉要素为重点的，将这两种排列方式进行有机结合，就能使该要素在版面中的表现力得到大幅度增长，从而达到高效率推广主题的效果。

― 图片解析 ―

❶将图片以二维叠加的方式摆放在一起，强调图片要素在版面中的视觉地位。

❷运用图片环绕文字的L形构图方式进一步加强图片的注目度。

在版式的编排设计中，要使版式在布局与结构上呈现出井井有条的效果，同样可以采用组合型的编排方式，如将等量分割型与对称型组合在一起，利用该组合型构图来约束图片及文字的排列方式，同时提高整体编排的秩序性，从而打造出规范有度的版式空间。

图片解析

❶通过等量分割的构图方式将页画划分为多个等比例的区域，以方便视觉要素的编排。

❷参照斜线将文字以对称的形式进行排列，使版面结构的规整感得到巩固与加强。

如前所述，将表现性质相同的构图组合在一起，能使版式的整体风格得到进一步提升。需要注意的是，在进行构图的组合设计时，应当注意这些元素是否与版面的主题思想相吻合，否则作品将不能准确地传递信息。由此可见，只有当形式与内容形成呼应的关系时，才能实现组合构图的设计意义。

图片解析

❶将文字段落以不规则曲线的构图形式进行排列，从而增添版面整体的随机性。

❷设计者在版面中加入了发射型编排结构，使版面呈现出韵律十足的视觉效果。

综合案例解析

运用组合型构图打造华丽的杂志版面

通过对本章的学习，大家应该对平面构图中的重叠型、自由型和分割型等版式构图有了一定的了解。结合在本章中所学到的知识点，参照下图中所展示的平面作品，并试着独立对作品中的编排样式进行分析，来巩固本章中所学知识。

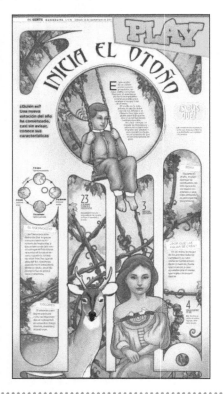

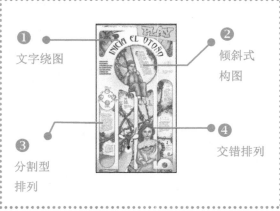

❶ 文字绕图
❷ 倾斜式构图
❸ 分割型排列
❹ 交错排列

❶ 文字绕图

将文字环绕着图形进行排列，以此在排列结构上强调图形的内容。与此同时，还增强了文字排列的变化性。

❷ 倾斜式构图

利用局部倾斜的构图方式，使该段文字在编排方式上与整体形成对比，从而产生特异的视觉效果。

❸ 分割型排列

利用等比例分割方式将指定区域划分为规整的版式空间，并利用规范有度的编排阵列来提高画面整体的和谐感。

❹ 交错排列

将人物、植物及文字信息以穿插的方式组合在一起，形成空间上的错位感，从而带给观赏者以深刻的视觉印象。